JN086785

これ1冊でできる！

Visual Studio Code 超入門

富士ソフト株式会社
三沢友治 著

❖ はじめに

　ふとプログラムの開発を行いたいと思ったとき、何から始めるとよいか戸惑ったことはないでしょうか。

　本書はそのような方に手に取ってもらえるように、利用したい言語や対応内容ごとに利用開始までの手順を図示いたしました。この1冊で、VSCodeの概要を全体に渡って見渡せるようにできたものと手ごたえを感じています。

　本書ではChatGPTやPythonなど近年利用が加速されているトレンドを取り上げる一方で、一般的に覚えておくべきVSCodeの基礎にも焦点を当てた構成をとることで、カジュアルにVSCodeを知りたい人にとっても本格的なプログラミングに取り組みたい人にとっても有用な内容になっています。

　ここ数年、コンピューター業界ではローコード開発が1つの手法として台頭してきていますが、経験を積まれた市民開発者の中には、ローコードツールでは手が届かないケースやコードレスの選択制であるがゆえの取り回しの難しさに気付いている方も多いでしょう。そういった問題を打開できるツールとしてVSCodeは役に立ちます。また、クラウド環境を利用するための補助ツールとしてもVSCodeは活用の余地があります。

　このように、万能なVSCodeを体験されたい方はぜひ本書を手に取っていただき、開発ツールの手軽さや面白さを味わってみてください。

　最後に、本書の制作にご協力くださったすべての方に心よりお礼申し上げます。

三沢 友治

CONTENTS

Part 4 基本的な利用方法をマスターしよう

Part 5 GitHubを活用していこう

Part 1

Visual Studio Codeを知ろう！

ここではMicrosoftが開発・提供するVisual Studio Codeの概要について説明していきます。Visual Studio Codeをどういったシーンで利用すると効果的なのか、どういったポイントが優れているのか、実際の操作環境を確認しながらひも解いていきましょう。

Visual Studio Codeって何？

はじめに「Visual Studio Code」とはどういったものなのか、理解を深めていきましょう。大半の人はVisual Studio Codeを「プログラムのソースコードを記述するためのエディター」と理解していると思いますが、利用できる範囲はそれだけではありません。

❖ Visual Studio Codeは高機能エディターです

Visual Studio Code（以降**VSCode**）は、Microsoft社が開発・提供する**ソースコードエディター**です。オープンソース（VSCodeのプログラムソースコードを公開すること）でかつ無償で、WindowsやmacOS、Linuxなどマルチプラットフォームで利用できます。VSCodeはとても人気があり、様々な開発などで利用されています。

前述のとおり、VSCodeはプログラムのソースコードを記述するためのエディター（ソースコードエディター）です。このソースコードエディターは、「メモ帳」などに代表される文字を書くツールと何が違うのでしょうか。

文字を書くことに特化したツールの多くは、日本語や英語の文章を入力するためのサポート機能を有しています。例えば、文字を書くツールとしては**Microsoft Word**などが有名です。Microsoft Wordには単語にスペルミスがあればそれを見つけ報告してくれる機能があります。他にも、段落の調整や図画を差し込めるなど、紙面を作ることに長けています。

Microsoft Wordが文字を書くためのサポート機能を多く備えるのと同じように、VSCodeにはプログラムを書くためのサポート機能が満載されています。

▶ プログラミングに適した機能を備える

次ページの図は、あるJavaScriptのソースコードをVSCodeで表示した画面です。どこにどういったことが書いてあるのか、グラフィカルに表現されていることがわかるでしょう。

● プログラムコードの記述に適したVSCodeのインターフェース

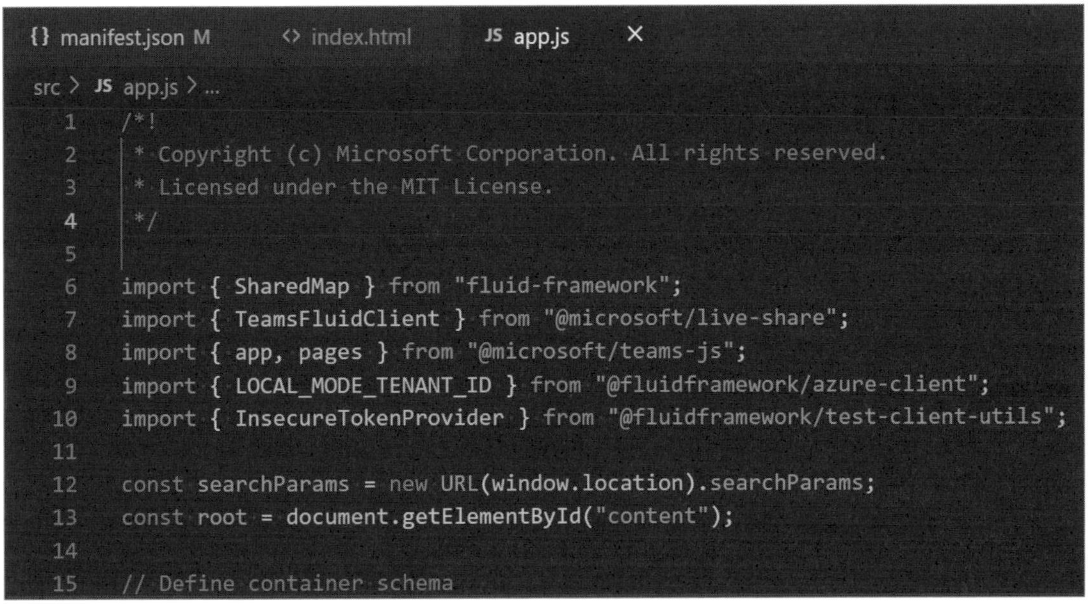

```
{} manifest.json M        <> index.html      JS app.js        ×

src > JS app.js > ...
  1   /*!
  2    * Copyright (c) Microsoft Corporation. All rights reserved.
  3    * Licensed under the MIT License.
  4    */
  5
  6   import { SharedMap } from "fluid-framework";
  7   import { TeamsFluidClient } from "@microsoft/live-share";
  8   import { app, pages } from "@microsoft/teams-js";
  9   import { LOCAL_MODE_TENANT_ID } from "@fluidframework/azure-client";
 10   import { InsecureTokenProvider } from "@fluidframework/test-client-utils";
 11
 12   const searchParams = new URL(window.location).searchParams;
 13   const root = document.getElementById("content");
 14
 15   // Define container schema
```

Part

1

Visual Studio Codeを知ろう！

　次の図を見てください。上の図のプログラムコード上で「SharedMap」をマウスカーソルでポイントしたとき、その文字がどういった意味を持つものかをポップアップで知らせています。

　SharedMapはclassで、key-valueペアの配信データ構造を表すものということがわかります。

● コード記述のサポートを行ってくれます

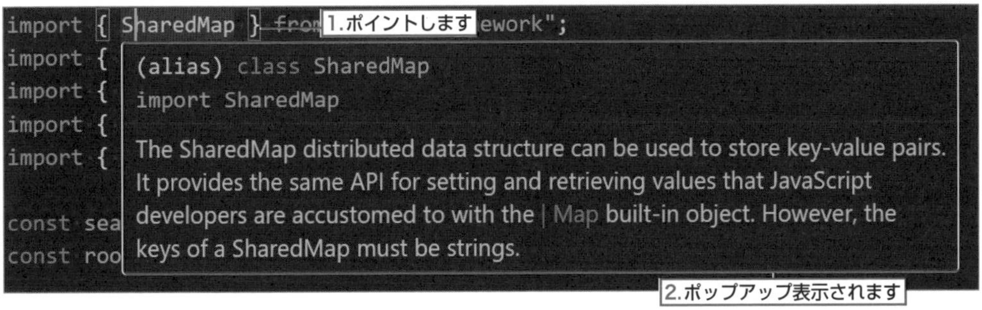

```
import { SharedMap } from [1.ポイントします] ework";
import {         (alias) class SharedMap
import {         import SharedMap
import {
import {         The SharedMap distributed data structure can be used to store key-value pairs.
                 It provides the same API for setting and retrieving values that JavaScript
const sea        developers are accustomed to with the | Map built-in object. However, the
const roo        keys of a SharedMap must be strings.
                                                          [2.ポップアップ表示されます]
```

　ポップアップする内容は、SharedMapの定義情報から参照しています。情報の参照性を高めることでプログラムコードの記述効率が飛躍的に良くなります。こういった機能を有するからこそ、高性能エディターとしての地位を確立しているのです。

● SharedMap の定義情報

```
node_modules > @fluidframework > map > src > TS map.ts > ↳ SharedMap
  93    /**
  94     * The SharedMap distributed data structure can be used to store key-value pairs.
  95     * and retrieving values that JavaScript developers are accustomed to with the
  96     * {@link https://developer.mozilla.org/en-US/docs/Web/JavaScript/Reference/Globa
  97     * However, the keys of a SharedMap must be strings.
  98     💡/
  99    export class SharedMap extends SharedObject<ISharedMapEvents> implements ISharedMa
```

　VSCodeはコア部分をオープンソースソフトウェア（OSS）としてMITライセンスで公開しています（オープンソースについてはChapter 1-2で解説）。また拡張機能によって様々な機能追加が可能です。有料無料問わず多くの拡張機能が様々なベンダーから提供されています。

▶ プログラミングだけでなく Web 開発にも利用できる

　さらに、VSCodeは単なるプログラムソースのためのエディターのみではなく、Web開発にも利用されています。VSCodeはWebサイト向けのHTML記述にも利用でき、拡張機能を導入することで記述したHTMLがどういった画面になるのか即時にプレビューすることもできるようになります。

❖ 他のソースコードエディターと何が違う？

　VSCodeは多機能なエディターですが、このような機能を持ったエディターはほかにも多数あります。同様のソースコードエディターで有名なものといえば **Eclipse** や **Visual Studio** などが挙げられます。

　Eclipse（https://www.eclipse.org/）は、当初はJAVAのプログラムコードを記述するための開発ツールでした。プラグインを用いた拡張機能が搭載されており、そのほかのプログラム言語はプラグインを活用して開発できるようになっています。

　Visual Studio（https://visualstudio.microsoft.com/ja/）は、VSCodeと同じMicrosoft社が提供している開発ツールです。「.NET」を中心とした Windowsアプリケーション開発からWeb開発、果てはAndroid / iOS向けの開発まで対応しています。

▶統合開発環境

これら2種類の開発ツールは「エディター」ではなく「**IDE（統合開発環境）**」と呼ばれます。プログラムコードの記述をサポートするだけでなく、画面のビジュアル開発機能やテスト支援機能、プログラミング支援機能といった高機能なシステム開発を助ける機能群を備えるためです。

また、業務で開発する際には複数人での共同開発が必要ですが、これらのツールには共同開発で活用できる機能が多数用意されています。EclipseもVisual Studioも無料で利用できるエディションがあるため、用途を意識して使い分けるとよいでしょう。

❖ IDEを使う? それともVSCodeを使う?

開発ツールにはそれぞれの特徴があるため、用途に応じて使い分けることが重要です。それでは、どういった点に注目して利用するツール・エディターを決めればよいのでしょうか。

判断の1つの指針としては、VSCodeは「画面の開発には向かない」ということがあります。Windowsアプリケーションのように画面とロジックが融合したようなものを開発したい場合は、Visual StudioなどのIDEの利用がお薦めです。

逆に、コンソールアプリやWeb APIといった画面を伴わないプログラムコードを書きたい場合は、VSCodeを活用するとよいでしょう。

▶IDEのほうが動作環境の必要スペックが高い

IDEとVSCodeでは、機能量からくる要求スペックに違いがあることも忘れてはいけません。VSCodeは1.6GHz以上のプロセッサと1GBのメモリを要件としています（https://code.visualstudio.com/Docs/supporting/requirements）。一方で、IDEは8GB以上のメモリがないと快適な動作は見込めません。

機能が統合されていない分、余計なパワーが必要なく、手軽に活用できるのがVSCodeというわけです。

開発の定番
Visual Studio Code

VSCodeが開発の定番となっていった理由には、無料でかつ高機能であることが挙げられます。その他にも、高い拡張性や言語を選ばない利用用途の広さなども持ち合わせています。ここでは、なぜVSCodeが開発の定番になったのか、その理由を解説していきます。

❖ ポイント❶ これだけの高機能で無料！

VSCodeの特長としてまず挙げられるのは、これほど高機能であるにもかかわらず無料で利用できることです。どれだけのことが行えるのか見ていきましょう。

▶Visual Studio Code なら無料で利用できる

VSCodeの魅力は、何といっても無料で利用できるというところでしょう。

また、無料で利用できるだけではなく、VSCodeはプログラムソースコードを開示している「**オープンソースソフトウェア（OSS**）」となっていることも特徴の1つです。

OSSとは、ソースコードが公開されていて改変や再配布が自由に行えるソフトウェアのことです。ソースコードを開示することで、有志による機能の追加や問題点の指摘が行えるようになっています。OSSはソースコードが公開されているので、機能の成り立ちをユーザーが確認できます。利用者に不利益となる機能（例えば利用者の情報を同意なく収集するような機能）がないことをソースコードで確認でき、利用者の目線でアプリの安全性がわかります。

▶他プロダクトではこれだけの差が！

VSCodeに近いアプリとしては**Atom**（https://github.com/atom/atom）が有名ですが、Atomは2022年12月をもって開発終了がアナウンスされています。

AtomはGitHub社が開発していたテキストエディターです。VSCodeのリリースと同時期にmacOS向けとしてリリースされていました。

● Atom エディター

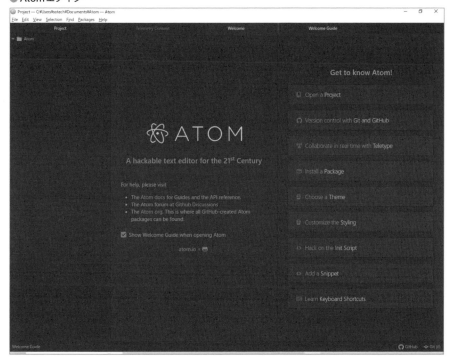

　機能面はVSCodeと似通っているのですが、Atomは拡張機能の利用が前提となっています。例えばOSのコマンドを実行するためのターミナル機能は、初期状態では利用できません。

● VSCodeでは標準機能でターミナル統合が行われています

　また、起動時間やCPU負荷、メモリ使用量に関してはVSCodeに軍配が上がります。
　次の図を見てください。VSCode、Atomともに日本語化のみを行った状態で起動直後のメモリ利用量を見てもVSCodeのほうが効率的な動作となっています。

● 日本語化した初期状態でメモリの使用量が大きく異なっています

名前	状態	CPU	メモリ	ディスク	ネットワーク
アプリ (5)					
＞ 🌐 Atom (5)		3.2%	291.3 MB	0 MB/秒	0 Mbps
＞ ✖ Visual Studio Code (11)		1.0%	225.1 MB	0 MB/秒	0 Mbps

✜ ポイント❷ プログラミングだけじゃない!?

コードエディターに求められることは、プログラミングの生産性を高めることです。しかし、開発全体を見渡すと作業はプログラミングだけではありません。設計書作成や環境を整えることも重要な作業です。こういったことにVSCodeは利用できるのでしょうか。

▶ VSCode は様々な言語に対応している

まず、プログラミングの生産性を高める要素を確認しておきましょう。

VSCodeで利用できる言語は、何らかのファイルを開いたうえで Ctrl ＋ K キーの後に M キーを押すことで確認できます（次の図を参照）。

主要言語は拡張機能導入前の時点で確認できます。選択することで自動的に拡張機能が提供されます。また、拡張機能を導入することでほぼすべての主要なプログラミング言語をサポートします。本書ではPart 6のChapter 6-1「Web開発（Webデザイン）」、6-2「アプリ開発（C#）」、6-3「Python開発」、6-4「Webコード開発（JavaScript）」などで詳しく解説します。

● 主な対応プログラミング言語は65種類にも上ります

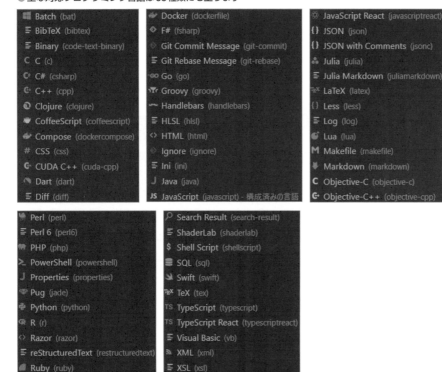

▶Web エディターとしても活用できる

VSCodeはWebページエディターとしても利用可能です。プログラミングの一種ですが、VSCodeにはHTMLを編集する機能やJavaScriptの作成に便利な機能も備わっています。

特にHTML編集では「**Emmet**」という補完機能を用いることで、初期テンプレートを簡単に用意することができます。

● **Emmetを利用したHTML初期コード生成。必要に応じてlangを"ja"に変更し、日本語として認識させましょう**

```
<> test.html > 🔷 html > 🔷 head > 🔷 meta
 1   <!DOCTYPE html>
 2   <html lang="en">
 3   <head>                    必要に応じて変更します
 4       <meta charset="UTF-8">
 5       <meta http-equiv="X-UA-Compatible" content="IE=edge">
 6       <meta name="viewport" content="width=device-width, initial-scale=1.0">
 7       <title>Document</title>
 8   </head>
 9   <body>
10
11   </body>
12   </html>
```

Emmetを利用したテンプレートを使うには、Emmetトリガー設定が有効になっている必要があります。設定画面より「Trigger Expansion On Tab」と入力して、トリガー設定を有効にしておきましょう。

● **設定画面から検索することでEmmetの有効化設定を見つけ出すことができます**

```
Trigger Expansion On Tab

ユーザー  ワークスペース

∨ 拡張機能 (1)
    Emmet (1)              Emmet: Trigger Expansion On Tab
                           ✓ 有効にすると、TABキーを押したときにEmmet省略記法が展開されます。
```

HTMLの拡張子（.html、.htm）を持ったファイルを作成して ! + Tab キーを入力すると、Emmetを利用したテンプレートを利用できます。

▶ コンソールとしても利用可能

　機能が近いAtomに存在せずVSCodeにある機能として、OSのコンソールとして利用できる**ターミナル**機能
があります。

　VSCodeのターミナルは　Ctrl ＋ @ キーで表示できます。このターミナル機能は、Windows PowerShellやコ
マンドプロンプト（Command Prompt）をVSCode上から起動するものです。

● ターミナルを起動するとWindows PowerShellやCommand PromptをVSCode上で表示できます

NOTE

コマンドプロンプト（ターミナル）とは

コマンドプロンプトはOSの機能の1つで、画面上の操作で行う設定変更などをキー入力で行えるようにするための入力場所です。Linux OSや
macOSでは伝統的に「ターミナル」、Windows OSでは「コマンドプロンプト」という呼び方をしています。
コマンドプロンプトは、単一コマンドの実行は簡単に行えますが、スクリプトの実行には機能が少なく向きません。そういった機能不足を補完す
るため「PowerShell」などを利用します。

　上記2種のほかGitなどをインストールしておくと、Git Bashの機能も可能です。

● 追加インストールでターミナルの種類を増やすことが可能です

　Node.jsなどを活用しつつ、このVSCodeのみでPowerShellでAzure操作なども行えるので活躍の機会は多
いでしょう。

▶Infrastructure as Code（IaC）でも存在感を

「**Infrastructure as Code（IaC）**」という概念をご存じでしょうか。簡単にいうと、IaCとはサーバーなどの
インフラ構築をコードで行うことです。VSCodeでTerraformといったIaCツールを動作させることができます。

今までAzure（Microsoft Azure。Microsoft社が提供するクラウドサービス）でサーバーを構築する場合は、
Azure管理ポータルにアクセスしてログインし、UIから設定することが一般的でした。この作業はいちいち手作
業で行う必要があるため、開発の過程で複数のサーバーを用意して並行開発を行う際には大きな負担となってい
ました。自動化することで、インフラの構築はTerraformといったIaCで処理できるようになります。

本書ではPart6 Chapter 6-5「IaCプログラム開発」で詳しく解説します。

● **VSCode上でTerraformを動作させることが可能です**

```
問題   出力   デバッグ コンソール   ターミナル                                                        ⟳ pwsh  + ∨  ⫿

PS C:\Users\tomoharu\terraform\quickstart\101-resource-group> terraform plan

Terraform used the selected providers to generate the following execution plan. Resource actions are indicated with the following symbols:
  + create

Terraform will perform the following actions:
  }

  # random_pet.rg-name will be created
  + resource "random_pet" "rg-name" {
      + id        = (known after apply)
      + length    = 2
      + prefix    = "rg"
      + separator = "-"
    }

Plan: 2 to add, 0 to change, 0 to destroy.

Changes to Outputs:
  + resource_group_name = (known after apply)

Note: You didn't use the -out option to save this plan, so Terraform can't guarantee to take exactly these actions if you run "terraform apply" now.
PS C:\Users\tomoharu\terraform\quickstart\101-resource-group>
```

✏️ **NOTE**

Terraform とは

TerraformはHashiCorp社が作成したインフラ構築をコードで定義できる仕組みです。ユーザーはHashiCorp Configuration Language（HCL）
と呼ばれる言語またはJSON形式のファイルにインフラ環境を定義します。外部モジュールとしてシステムに組み込む場合、権利表記を行うこと
でシステム全体をオープンソースにしなくてもよいMozilla Public License v2.0ライセンスでの配布になっています。

▶マークダウン（Markdown）

　マークダウン（Markdown）とは、簡単なフォーマットによって文章の整形を行うための記述方式です。例えば「**」で囲むことで文字を太字にしたり、「|」を用意することで表として認識させたり、といった記述が行えます。

　VSCodeではマークダウン書式で記述したテキストをプレビュー表示する機能があります。プレビューしながらマークダウンで記述することが可能です。

● VSCodeでは、マークダウン書式をプレビューすると整形された表示を見ることができます

　またmarpプラグインを用いるとPowerPointのようなスライド表示を行うことも容易です。

● marpを利用するとスライドのようなフォーマットにすることができます

　さらに、PlantUMLを用いればUML（Unified Modeling Language。統一モデリング言語）図もマークダウンで記述することができるようになります。こういったツールを用いれば、図の調整に時間をかける必要がなくなります。

　マークダウンで便利な機能はPart 6のChapter 6-6「ツールとして活用」で解説します。

Part 2

まずはVSCodeを入れてみよう

VSCodeのインストーラーをダウンロードして、自分の環境にインストールしましょう。ここではWindowsとMacへのインストールと、最低限行っておきたい初期設定について解説します。

VSCodeの利用環境と インストーラーのダウンロード

VSCodeがどのようなものか理解が進んだところで、実際に使って学びを深めていきましょう。VSCodeはWindowsだけでなく、macOSやLinux、近年はさらにWeb版も用意され、様々な環境で利用できるようになっています。ここでは、それぞれの環境でのインストールから設定までを確認していきます。

❖ VSCodeのライセンス

無料で利用できるVSCodeですが、利用するためにはライセンス条項に合意する必要があります。ライセンス条項とは、VSCodeのインストール時や使用時の権利制約のことです。次のURLに条項が記載されています。

■ マイクロソフト ソフトウェア ライセンス条項
https://code.visualstudio.com/license?lang=ja

組織内に任意の部数を導入できる旨、拡張機能は各作成者とのライセンス契約となること、データの収集条件、保証の免責、責任の制限など多岐に渡って決まりごとがあります。

ライセンス条項が変更されることは稀ですが、世情に応じて変化があるので、利用前にチェックするようにしておきましょう。

❖ VSCodeを利用するのに必要な環境

VSCodeを利用するためにはWindowsやMac、Linuxなどが動くパソコンが必要です。VSCodeを動作させるため、特別に高スペックなパソコンを用意する必要はありません。公式サイトに挙げられているVSCodeのシステム要件は次ページの表のようになっています。しかし、実際には満たしていない条件があっても動作可能なケースも多いので、目安として捉えるのがよいでしょう。

▶ 快適に利用できる環境の目安

読み込むワークスペースのサイズや導入している拡張機能の量などによって、快適に利用できる条件は異なります。目安として4コア以上のCPUと8GB以上のメモリを搭載したパソコンであれば、概ね快適に利用することが可能です。

● **VSCode のシステム要件**

要件	条件
プロセッサ	1.6GHz以上
メモリ	1GB以上
ストレージ	500MB 以上
プラットフォーム	Windows 8以上 OS X 10.11以上 macOS Monterey以上 Ubuntu Desktop 16.04, Debian 9以上 Red Hat Enterprise Linux 7, CentOS 7, Fedora 34以上 Chrome、Edge、Firefox、Safari （WebではChromeおよびEdgeの利用を推奨）

● **サポート対象外の条件**

サポート対象外となる条件
App-Vなどのアプリ仮想化
ユーザー共有タイプの仮想環境での同時利用

❖ VSCodeインストールファイルの準備

　インストールファイルを準備しましょう。インストールに利用するファイルは、次のサイトからダウンロードします。

● **VSCodeのダウンロード（いずれのURLからもダウンロード可能です）**

https://code.visualstudio.com/#alt-downloads
https://code.visualstudio.com/Download

　Windows版では、Windowsのバージョンや利用者の権限（ユーザーインストーラーやシステムインストーラー）、CPU特性（32ビット／64ビット／AMD64など）に応じたインストーラーが用意されています。デバイスにインストールしたい場合はシステムインストーラーを用いましょう。なおその場合は、デバイスに対する管理者権限が必要です。

　Linux版ではDebian系（.deb）もしくはRed Hat系（.rpm）でインストーラーが分かれます。

　Mac版はCPUの種類（インテルCPUもしくはAppleシリコンチップ）によって利用するインストールファイルが異なります。

　さらに、サイトの下部にはWeb版のURL（https://vscode.dev）が用意されています。

　自分の利用環境に合ったファイルをダウンロードしましょう。

Part

2

まずはVSCodeを入れてみよう

● ダウンロードサイトでは様々な形式のものが用意されています

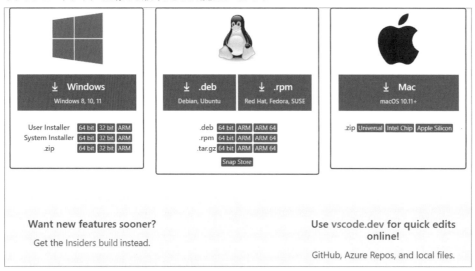

　また、もし自分の環境がよくわからない場合は、VSCodeのサイト（https://code.visualstudio.com/）トップにあるボタンを活用することで自動的に環境に応じたファイルがダウンロードされるようになっています。

■ VSCodeのサイト
https://code.visualstudio.com/

● 「Download for XX」をクリックすることで使用中の環境に応じたファイルがダウンロードされます

Chapter 2-2

Windowsにインストールしよう

VSCodeのインストーラーを入手して、自分の環境にインストールしてみましょう。前節で説明したように、VSCodeのインストーラーは各プラットフォームごとに、さらにその中で細かく分類されています。ここではWindowsにインストールする際の注意点などを解説します。

❖ 安定版（Stable）と新機能搭載試用版（Insiders）

VSCodeをインストールする場合、どのタイプのインストールを行うか決める必要があります。プラットフォームに関わらず、タイプは「Stable」と「Insiders」の2種類あります。

Stableは一般ユーザーが利用する安定版です。Insidersは一般ユーザーに提供される前の新機能が利用できます。新機能を利用した拡張機能のテストなどを行うアーリーアダプター向けのバージョンです。

テスト利用でなければStableをインストールしていきましょう。

● 直接Download for Windowsをクリックしても
インストーラーをダウンロードできます

Windows版インストーラーは、ユーザーにのみインストールする方法（User Installer）と、デバイスにインストールしてアクセスするユーザーが全員使えるようになる方法（System Installer）の2種類から選択できます。本書ではユーザーにのみインストールするStableのUser Installerを用いてインストールを行います。

インストーラーをダウンロードします。VSCodeのインストーラーファイル名は「VSCodeUserSetup-"種類"-"バージョン".exe」（"種類"と"バージョン"部分は変わります）です。

● Windows版64bitの1.67.2のUser Installerをダウンロードした場合

ダウンロードファイル

インストーラーを実行しましょう。実行すると
ライセンス条項の確認が表示されます。
内容を確認し、問題なければ「同意する」を
選択して「次へ」ボタンをクリックしましょ
う。

使用許諾は軽視しがちですが、元来利用に
あたっての最重要文書となるため、この内容
に沿って利用することが重要となります。

次にインストール先を選択します。User
Installerの場合、初期設定では次のアドレス
が選択されています。このアドレスが、ユー
ザーごとに割り当てられるパスとなるため、
利用者一人一人がインストールできます。

● 使用許諾の理解が利用の第一歩です

%LocalAppData%¥Programs¥Microsoft VS Code

インストール先は任意の場所に変更可能です。変更する場合は
「参照」ボタンをクリックして指定します。そのままで問題なけれ
ば「次へ」ボタンをクリックします。

● NOTE

%LocalAppData% は環境変数

「%LocalAppData%」は環境変数といい、環境
に応じたパスを示すものです。このパスは作業を
しているユーザーに対するパスを表しています。

● インストール先を自由に指定できます

スタートメニューフォルダーの指定を行います。Windows 10ではここで決めたフォルダーがスタートメニューに表示されます。Windows 11ではフォルダーは表示されません。

スタートメニューに表示させる必要がない場合、「スタートメニューフォルダーを作成しない(D)」にチェックを入れましょう。「次へ」ボタンをクリックします。

「追加タスクの選択」では、デスクトップへのアイコン追加、右クリックした際のメニューへの追加、ファイルへの関連付けとPATH追加などが行えます。

ここでは、ファイルへの関連付けとPATH

● スタートメニューフォルダーの指定を行います

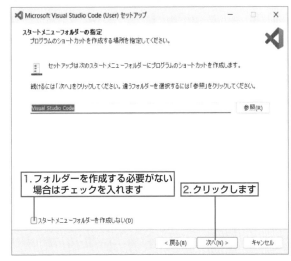

1.フォルダーを作成する必要がない場合はチェックを入れます

2.クリックします

追加を行うことをお薦めします。ファイルへの関連付けを行うと、C#などのソースファイルをダブルクリックすることでVSCodeが起動するようになります。

PATHの追加を行うと、VSCodeを実行する際に、実行ファイルの格納場所を指定せずにVSCodeのファイル名だけで実行できるようになります。次のフォルダーがWindowsの環境変数：PATHに追加されます。

%LocalAppData%¥Programs¥Microsoft VS Code¥bin

● 追加タスクの選択ではエディター登録と
　PATH追加を行いましょう

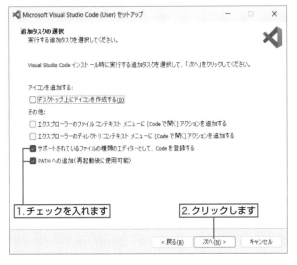

1.チェックを入れます

2.クリックします

● PATH設定すると環境変数に追加されます
　（インストール時にはこのダイアログは表示されません）

最後に設定の確認を行います。問題がなければ「インストール」ボタンをクリックしましょう。

● インストールの最終確認を行いましょう

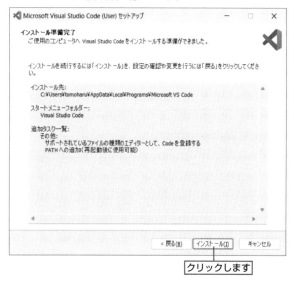

数分待つとインストールが完了します。「Visual Studio Codeを実行する」にチェックを入れてから「完了」ボタンをクリックするとVSCodeが起動します。

● チェックボックスをチェックしておくことですぐにVSCodeを起動できます

Macにインストールしよう

手元のパソコンがMacであれば、VSCodeのMac版をインストールしましょう。MacにはインテルCPUを搭載したものとAppleシリコンチップを搭載したものがあり、インストールファイルがWindows版とは異なります。

❖ Mac版VSCodeインストーラーのダウンロード

　利用しているパソコンがMacの場合、インストールはWindows版よりも簡単に行えます。ここではMac版のインストール方法を解説します。

　インストーラーをダウンロードするには、Windows版と同様にVSCodeのサイトにアクセスします。

https://code.visualstudio.com

　Mac（macOS）でアクセスした場合、ページトップに「Download Mac Universal」というダウンロードボタンが表示されます。これをクリックしてインストーラーをダウンロードしても問題ありませんが、自分のMacのチップの種類がわかれば、チップに対応したものを選びましょう。

　ダウンロードボタンの右にある下矢印■をクリックします。次に「Other downloads」をクリックしましょう。

● ダウンロードボタンではなく別ファイルをダウンロードしていきます

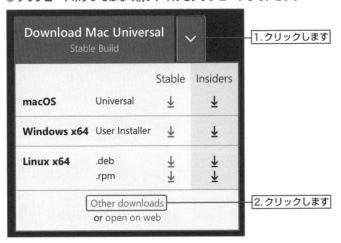

クリックすると、画面の下部にあるインストーラー選択画面に移動します。

右側にmacOS向けのインストーラーが表示されています。Intel Coreを搭載しているMacの場合は「Intel Chip」を選択します。M1やM2などAppleシリコンチップを搭載している場合は「Apple Silicon」を選択します。

どちらかわからない場合は「Universal」を選ぶことで両方のチップに対応したインストーラーをダウンロードできます。Universalは両方のインストーラーが1つにまとめられているため、ファイルサイズが倍になるので注意が必要です。

● 右側がmacOS向けインストーラー

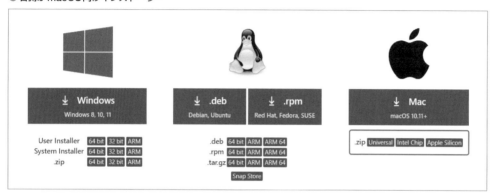

ダウンロードが終わったら、Finderを起動してアプリケーション一覧（アプリケーションフォルダー）を表示しておきましょう。

● Finderから「アプリケーション」を開いておきます

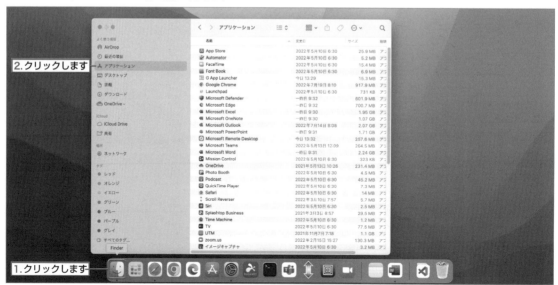

次に、デスクトップ画面右下の「ダウンロード」アイコンをクリックします。

● ダウンロードアイコンはごみ箱の左側にあります

「ダウンロード」アイコンをクリックすると、今までダウンロードしたファイルが一覧表示されます。先ほど開いたFinderの「アプリケーション」フォルダーにコピー（移動）しましょう。

● ダウンロードしたアプリをコピーします

これでインストールは完了です。

VSCodeのダウンロードサイトのMac用ファイルはZip圧縮されています。ブラウザーの設定によってはダウンロード時に自動展開されないこともあります。Zipファイルのままだった場合は、ダブルクリックで展開してから「アプリケーション」フォルダーに移動します。

●アプリケーション一覧にVisual Studio Codeが表示されていれば完了です

　「アプリケーション」に移動したVisual Studio Codeをクリックしてみましょう。

　ダウンロードして入手したファイルであるため、初回起動時にソフトウェアチェックが行われます。図のように「Appleによるチェックで悪質なソフトウェアは検出されませんでした。」と表示されたことを確認し、「開く」ボタンをクリックします。これでVSCodeが起動します。

●起動前に悪質なソフトウェアチェックが行われます

起動後はWindows版、macOS版だけでなく、Linux版も同じような操作性で利用することができます。

● Apple Silicon版VSCodeを起動できました

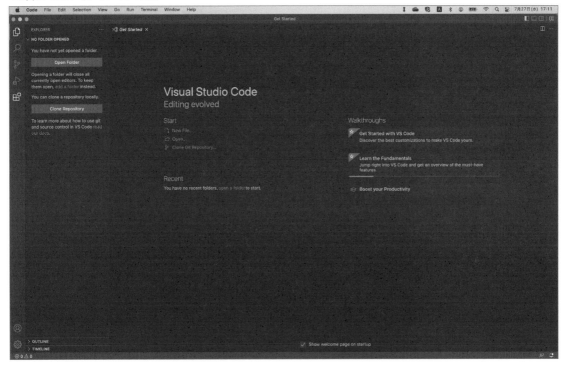

まずはVSCodeを入れてみよう

Chapter

2-4

初期設定を行おう

インストールが完了したら、初期設定をしましょう。カスタマイズは後ほど解説するので、ここでは最低限行っておきたい設定について説明します。

❖ 日本語化設定

VSCodeインストール直後は、メニューやメッセージなどすべてが英語で表示されています。

英語に抵抗がなければそのまま利用しても問題はありませんが、VSCodeは多言語に対応しています。表示言語と動作が完全に切り離されているため、日本語設定にしていると動作しないといったことは極力発生しない作りになっています。使い慣れた言語をインストールしておくとよいでしょう。

● 初期状態ではすべて英語で表示されています

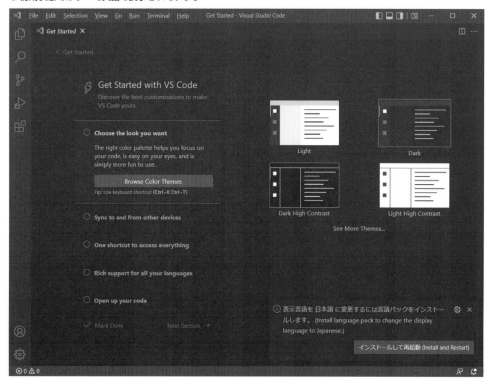

ここでは日本語に設定する方法を解説します。

言語のインストールはVSCodeの「**拡張機能**」から行います。拡張機能に移動するには Ctrl + Shift + X キーを押すか、画面左側の圕アイコンを選択することで可能です。

遷移すると画面左上に「Search Extensions in Marketplace」と書かれたテキストボックスが表示されます。

表示された検索ボックスで「Japanese」と入力して Enter キーを押しましょう。

検索にヒットした拡張機能の一番上に「Japanese Language Pack for Visual Studio Code」という日本語セットが表示されます（表示領域が足りない場合は文字が省略されています）。

これをインストールすることでVSCodeを日本語化できます。「Install」ボタンをクリックするとインストールが開始されます。

インストールはすぐに完了します。完了すると、画面右下に再起動を促すポップアップが表示されます。日本語化設定を反映するためには再起動が必要です。「Change Language and Restart」ボタンをクリックしましょう。

● 拡張機能（Extensions）を表示して日本語セットをインストールします

● 日本語セットを検索したら「Install」をクリックしましょう

● 「Change Language and Restart」をクリックすることで再起動が行われます

再起動が完了すると、日本語で表示されるようになりました。

● 再起動完了後、日本語表記になります

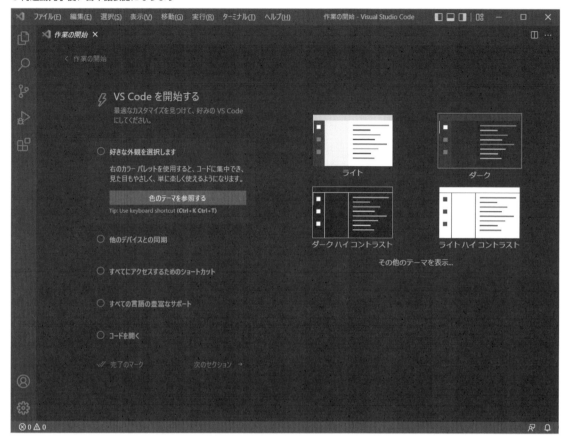

再度 Ctrl + Shift + X キーもしくは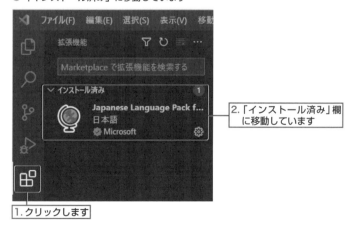アイコンから拡張機能を表示してみると、「インストール済み」欄に
「Japanese Language Pack for Visual Studio Code」が移動していることがわかります。

● 「インストール済み」に移動しています

> ❖ 表示言語を変更するには

　先ほどは日本語セットの機能拡張を検索して、日本語化する方法を紹介しました。設定した表示言語の変更は、**「コマンドパレット」**を利用することで行うことができます。コマンドパレットとは、VSCodeの各機能をコマンドで呼び出すための入力画面（インターフェース）です。

　[Control] ＋ [Shift] ＋ [P]キーを押してコマンドパレットを呼び出します。

　表示したコマンドパレットに「Configure Language」と入力してみましょう。

　下部に候補が現れ「表示言語を構成する（Configure Display Language）」が表示されます。クリックしましょう。

● Configure Languageと入力すると表示言語を構成する機能を呼び出せます

　クリックすると表示言語の選択に切り替わります。

　「日本語 ja(現在)」、「English en」など、表示可能な言語が表示されます。表示したい言語をクリックしましょう。

● この画面から言語を選択しインストールすることもできます

表示言語の選択	
日本語 ja (現在)	インストール済み
English en	
中文(简体) zh-cn	利用可能
español es	
русский ru	
português (Brasil) pt-br	
한국어 ko	

　インストール済みの言語を選択した場合、再起動を促すダイアログが表示されます。

● 日本語から英語に切り替える際に表示されるダイアログです

　未インストールの言語を選択した場合は、拡張機能がダウンロードされ、再起動ポップアップが右下に表示されます。

❖ 拡張機能インストール前に確認しておきたい点

　拡張機能の検索の際、「Japanese」で検索すると多数の拡張機能が表示されます。もしかしたら、どの拡張機能をインストールするべきか迷うかもしれません。そのようなときは、表示された拡張機能の中から3か所を確認してみましょう。

● 拡張機能のチェックポイント

　3段目に表示されている「Microsoft」というのはこの拡張機能の作者です。また、名前の横に▥バッヂが表示されている場合、VSCodeが認証した公式作者である証です。

　こういった作者のアプリを導入しておくことで一定の安心感が得られます。

　また、1段目右側にある雲🔿アイコンはダウンロード数、星★アイコンはその機能拡張に付けられた評価です。ダウンロード数が多ければ利用者がたくさんいるということで、導入時の検討材料にできます。評価は5つ星評価で、数値が高いほどユーザー利用満足度が高いものとなります。こちらも高数値のものを利用するとよいでしょう。

Part 3

利用前のウォームアップ！
各機能を知ろう

この章では、VSCodeを使いこなすために覚えておきたい機能を説明します。
VSCode自体が高機能エディターであるため、すべての機能を覚えるのは時間が
かかります。まずは基本的な機能を覚え、必要なときに本章を確認するとよいで
しょう。

VSCodeの画面構成

インストールが完了したら、本格的に使い始める前にVSCodeの画面構成について理解しておきましょう。VSCodeのメニューバー、サイドバー（プライマリ・セカンダリ）、ステータスバー、アクティビティバー、パネルなどの機能や、メイン画面、タイムラインの内容などについて説明します。

❖ VSCodeのメイン画面

VSCodeを起動しましょう。スプラッシュ（タイトルロゴ）などは表示されず、黒い画面が表示されます。次の図がメイン画面です。

● 初期起動時の画面（日本語設定後）

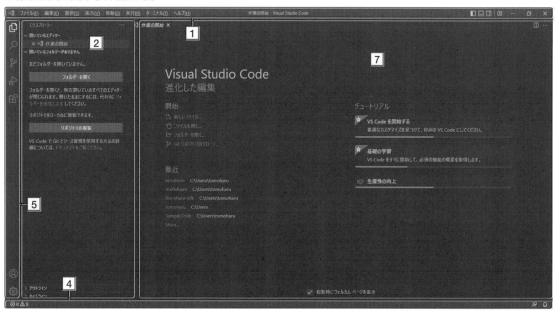

VSCodeで実際にコードを書く場合は、フォルダーを読み込んで利用します（フォルダーの読み込みについてはChapter 3-2で解説）。フォルダーを読み込むと画面構成が変化し次ページのような表示に変わります。変化後はメイン画面が分割されてパネルが現れます。

なお、セカンダリ サイドバーはフォルダーを読み込んだだけでは表示されません。「表示」➡「外観」メニューより選択することで表示されます。

● フォルダーを読み込んだ後の画面

VSCode画面の名称

No	名称	概要
1	メニューバー	画面上部のメニュー。各種機能を呼び出す際に利用する。
2	プライマリ サイドバー	アクティビティバーの選択によりメニューが表示される箇所。 Ctrl + B キーで表示を切り替えられる。
3	セカンダリ サイドバー	各種画面を表示するためのバー。初期時は表示するものが決まっておらず、パネルやアクティビティなどから必要なものをドラッグして移動させることで表示するものを決定できる。画面サイズが大きい場合に活用すると便利。初回起動時は表示されていない。
4	ステータスバー	現在の状態を表示する場所。Azureのサインイン状態などをチェックできる。
5	アクティビティバー	VSCodeの機能がまとまって表示される場所。よく利用する機能を登録しておくとよい。
6	パネル	常時表示したいアクティビティがあればここに配置するとよい。 Ctrl + J キーで表示を切り替えられる。
7	メイン画面	エディターの中心となるコードを表示する場所。

Part
3
利用前のウォームアップ！各機能を知ろう

「**アクティビティバー**」は各種ビューを一元表示するための場所です。初期状態では7種のアイコンが表示されています。

これらのアイコンはそれぞれが「ビュー」と呼ばれる画面を持っており、通常プライマリ サイドバーにビューが表示されます。「検索」と「ソース管理」はセカンダリ サイドバーやパネルにビューを移動することも可能です。

逆に、パネルに表示されているものやエクスプローラー内の一部もアクティビティバーに移動させることができます。

●アクティビティバー

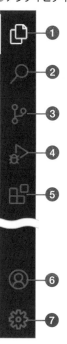

●アクティビティバーの項目

No		名称	概要	ショートカット
❶		エクスプローラー	関連するファイルをまとめたフォルダー内のファイルを表示する機能。	Ctrl + Shift + T キー
❷		検索	フォルダー内にあるファイルから全文検索を行う機能。正規表現や単語検索などの機能も装備。	Ctrl + Shift + F キー
❸		ソース管理	Gitと連動する機能。コミットや同期などを行う際に利用する。	Ctrl + Shift + G キー
❹		実行とデバッグ	エディターで表示しているファイルを実行するときに利用する。txtファイルなどプログラム以外のファイルは実行できない。ただし、launch.jsonを作成しておくことで実行できないタイプのファイルをデバッグできるように調整することも可能。	Ctrl + Shift + D キー
❺		拡張機能	拡張機能をインストールする時に利用する。インストール可能な機能 は Visual Studio Marketplace（https://marketplace.visualstudio.com/）で提供されているもので、安全性が高い。	Ctrl + Shift + X キー
❻		アカウント	MicrosoftアカウントもしくはGitHubアカウントでサインイン可能。サインインすれば次の内容を同期できる。 ・設定　・キーボードショートカット　・ユーザー スニペット ・ユーザー タスク　・拡張機能　・UIの状態	―
❼		管理	各種設定や配色などを変更するための機能。 VSCode自身の更新を確認する場合もここから選ぶ。	―

一方、「**パネル**」には初期状態で4つの機能がタブで表示されるようになっています。パネルの機能群はすべてアクティビティバーに表示させることも可能です。ドラッグ＆ドロップでタブをアクティビティバーに移動させましょう。

● パネルではタブで表示されます

● アクティビティバーの項目

	No	名称	概要	ショートカット
❶	⚠	問題	ソースコードの問題が表示される。何も表示されていない状態なのが望ましい。	Ctrl + Shift + M キー
❷	📋	出力	標準出力（コンソールへの文字出力）が表示される。出力の内容は機能ごとにカテゴリ分類される。	Ctrl + Shift + U キー
❸		デバッグコンソール	「実行とデバッグ」からデバッグを行った際に表示されるデータ。主に動作エラーなどはここから追っていく。	Ctrl + Shift + Y キー
❹	>	ターミナル	コマンドプロンプトやPowerShellなどのターミナルをVSCode内から確認する機能。Git BashやAzure Cloud Shellなど追加のコンソールを利用することもできる。	Ctrl + @ キー

プライマリ サイドバーに表示される「**エクスプローラー**」は4つの項目から成り立っています。

そのうちプロジェクトフォルダー構成を示すもの以外は、アクティビティバーに移動することが可能です。

● エクスプローラーの表示項目

● エクスプローラーの項目

	No	名称	概要
❶	📖	開いているエディター	現在編集中のエディター一覧。複数ファイルを同時編集している場合に利用すると便利。
❷		プロジェクトフォルダー	現在開いているプロジェクトのフォルダー構造が表示される。
❸		アウトライン	アクティブなファイルに対するアウトラインを表示。アウトラインはプログラムコードやjsonなど階層化されるようなファイル構造の場合に表示される。
❹	🕐	タイムライン	アクティブなファイルに対する更新履歴。ローカルファイルの更新期歴以外にもGitHub上の履歴も表示可能。

❖ メイン画面に表示される内容

　ここまでは各機能を見てきましたが、VSCodeの中心となる「**メイン画面**」を見ていきましょう。次の図はメイン画面ですが、5つのパーツから成り立っています。

● メイン画面

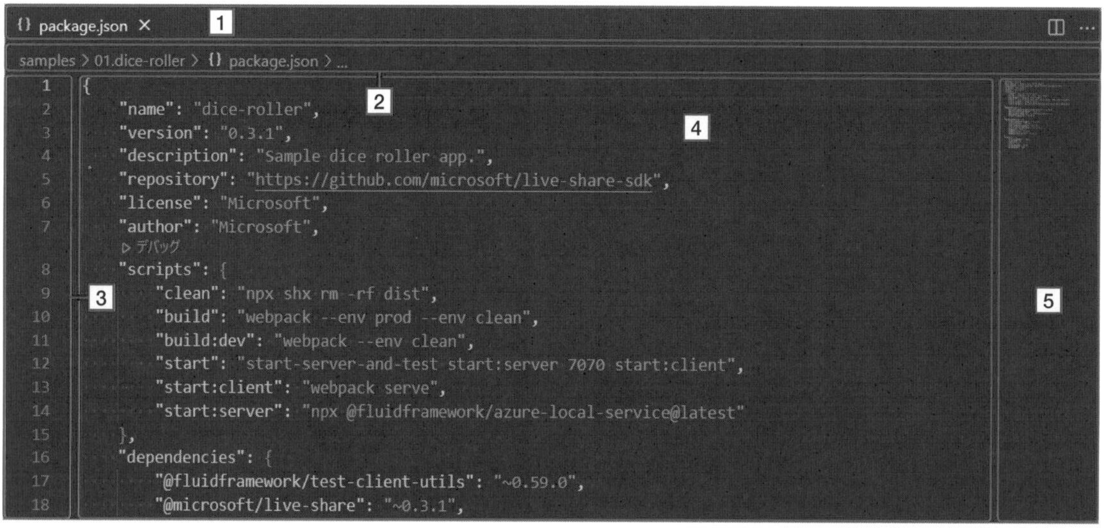

```
{} package.json ×                                 1

samples 〉01.dice-roller 〉{} package.json 〉…
  1  {
  2      "name": "dice-roller",
  3      "version": "0.3.1",
  4      "description": "Sample dice roller app.",
  5      "repository": "https://github.com/microsoft/live-share-sdk",
  6      "license": "Microsoft",
  7      "author": "Microsoft",
        ▷ デバッグ
  8      "scripts": {
  9          "clean": "npx shx rm -rf dist",
 10          "build": "webpack --env prod --env clean",
 11          "build:dev": "webpack --env clean",
 12          "start": "start-server-and-test start:server 7070 start:client",
 13          "start:client": "webpack serve",
 14          "start:server": "npx @fluidframework/azure-local-service@latest"
 15      },
 16      "dependencies": {
 17          "@fluidframework/test-client-utils": "~0.59.0",
 18          "@microsoft/live-share": "~0.3.1",
```

● メイン画面の項目

No	名称	概要
1	タブ	開いているタブの一覧。エクスプローラーの「開いているエディター」と同じ内容が表示される。
2	階層リンク	メイン画面で選択している行に関する階層。ファイルの階層とファイル内の項目に関する階層の両方が表示される。上位の項目を選択すると直接移動することが可能。エクスプローラーの「アウトライン」の選択された箇所の情報が表示されている。
3	行番号	ファイル上の行番号。折り返し表示されている行やメタデータについては行番号が表示されない。
4	メイン画面	エディターの中核。プログラムをグラフィカルに表現する。
5	ミニマップ	ファイル全体像を見渡すためのマップ。ミニマップをドラッグするとメイン画面の表示位置移動が可能。

❖ タイムラインの表示

「**タイムライン**」はアプリの修正を行うときに利用する機能です。タイムライン表示はエクスプローラー上から
タイムラインを選択することで確認できます。編集履歴が残り、その差分を確認することができるため、長期的
な開発を行っている場合などに役立ちます。

ローカルファイルの履歴のみならず、GitHub上のファイルも履歴管理対象になるため、ローカル環境に閉じな
い開発が行えます。

● タイムライン

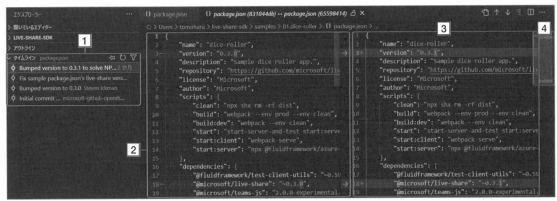

● タイムラインの項目

No	名称	概要
1	タイムライン	アクティブなファイルの過去履歴が表示される。特定時点を選択することでその時点のファイルを過去バージョンとして表示できる。
2	過去バージョン	タイムラインで選択したバージョンが表示される。
3	現在バージョン	現在編集中の状態。過去バージョンと比較されるため、変更箇所を簡単に確認可能。
4	ミニマップ	ミニマップでは変更点が赤く表示される。

VSCodeでよく利用する機能

VSCodeは高機能エディターで無数の使用方法があるため、そのすべてを最初から把握するのは困難です。しかし、利用頻度の高い機能は使用方法を覚えておきましょう。ショートカットなどを覚えておけば、効率的にVSCodeを利用できるようになるはずです。よく利用する機能を見ていきましょう。

❖ ターミナルの表示

　35ページの言語の変更で一足先に利用しましたが、VSCodeの「**ターミナル**」はパネル領域にある項目の1つです。VSCodeのターミナルを利用するとWindowsであればPower Shellやコマンドプロンプト、MacであればターミナルといったシェルをあたかもOSの機能と同じように呼び出すことができます。

　ターミナルには Ctrl ＋ @ キーのショートカットが割り当てられており、簡単に表示することができるようになっています。ターミナルがVSCodeに統合されたことで、Node.js（サーバー上でJavaScriptを実行する仕組み）などのサーバー起動などを一元管理することができるのです。

● VSCodeのパネルに「ターミナル」が統合されています

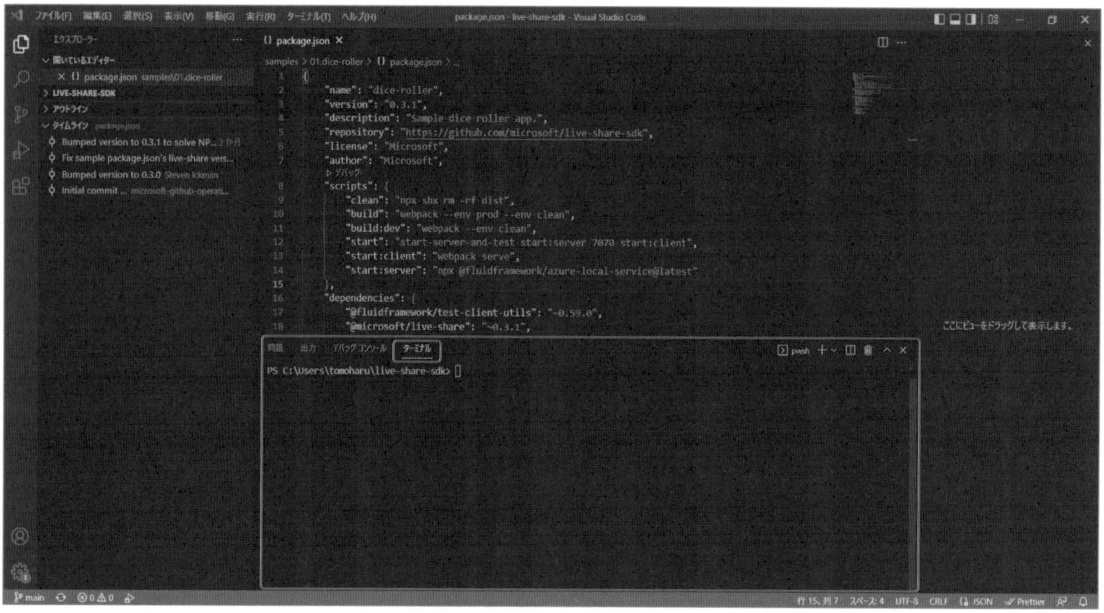

　VSCodeの標準機能だけでなく拡張機能をインストールすることで、「Azure Cloud Shell」（クラウドサービスAzureを管理するためのシェル）や「Git Bash」（Git for Windowsに含まれるBash環境）など利用可能なターミナルを増やすことができます。

　VSCodeのターミナルを使えば、WSL2（Windows Subsystem for Linux2）をインストールしなくてもWindows上でBashコマンドを利用できるようになります。

● **ターミナルコンソールの種類は多種多様です**

Part **3**

利用前のウォームアップ！各機能を知ろう

NOTE

**WSL2
（Windows Subsystem for Linux 2）**

仮想化技術を用いてWindows上でLinuxを動作させる仕組みです。Windows 10 、Windows 11では無料で利用することができます。

　ターミナルでは、複数の機能をタブのように同時に起動することができます。BashでNode.jsを起動しながらPower Shellで開発した機能を実行するといったことも、すべてVSCode内で実行できるのです。このように、利用したいシェルを同時起動することで、開発効率が上がります。

● **多数のシェルを同時起動できます**

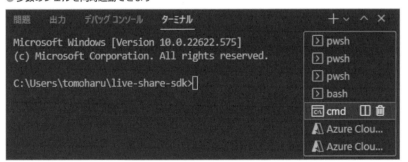

　起動したシェルにカーソルを置く（ポインタ）と、窓のような▯アイコンとごみ箱の🗑アイコンが現れます。窓のようなアイコンはシェルを分割するためもので、ごみ箱アイコンはこのシェルをターミナルから除去するためのものです。

● **ポインタするとアイコンが現れます**

シェルを分割すると、同じ画面枠内にもう1つシェルが新たに起動します。左右に分かれたシェルはそれぞれプロセスが独立しているため、動作に干渉しません。使い勝手によって表示方法を選択しましょう。

● シェルを分割できます。解除したい場合はマウスポインタを置いて表示されたアイコンから削除します

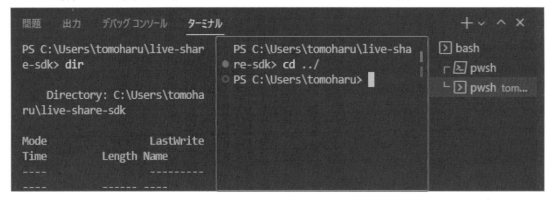

▶ シェルの実行履歴を保持、復元できる

各シェルはそれぞれのUIでも実行できますが、VSCodeから利用するメリットがあります。

VSCodeは、間違えて終了してしまった場合などを考慮して、VSCodeが停止してもシェルの実行履歴を保持しています。その上、過去に実行した状況を復元してくれる機能が搭載されています。

● 間違えて閉じてしまってもVSCodeを起動すればコンソールの履歴が自動的に復元されます

コマンド履歴として保持する量は、「設定」の「機能」➡「ターミナル」にある項目で制御できます。初期状態では100件の履歴を保持しています。履歴保持数を増やしたい場合は設定から変更することも可能です。

● 設定で保持する履歴数を変更できます

Terminal › Integrated › Shell Integration: History
ターミナル コマンド履歴に保持する最近使用したコマンドの数を制御します。ターミナル コマンド履歴を無効にするには、[0] に設定します。

100

VSCodeのターミナルには様々なシェルが統合されているため、どのシェルを利用するか迷うかもしれません。利用するシェルがどれでもよい場合はPower Shellの利用をお薦めします。Power Shellでは過去実行したコマンドの位置を●（青丸）で表示しており、この青丸をクリックすることでコマンドの再実行やコピーなどを行うことができるのです。

また、コマンド失敗時は●（バツ印）で失敗したことを知らせてくれるため、状態の把握が容易です。

● コマンドの再実行などを簡単に行えます

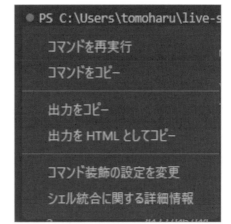

● エラーが起きた行が一目でわかります

ターミナルの設定は、「ファイル」メニューから「ユーザー設定」➡「設定」を選択して表示される「設定」画面で「@feature: terminal」コマンドを入力することで行えます。標準状態でも十分使えますが、必要に応じてカスタマイズを行ってください。

● 「設定」画面でターミナルの設定ができます

❖ コマンドパレットの表示

「**コマンドパレット**」とはVSCodeで利用できるコマンドを入力するためのスペースです。コマンドパレットはVSCodeの「表示」メニューから「コマンドパレット」を選択するか、Ctrl + Shift + Pキーを使って呼び出します。

●コマンドパレット

コマンドパレットにコマンドや説明文を入力することで、入力内容に関連したコマンドを表示できます。VSCodeは大半のコマンドがコマンドパレットに対応しています。そのため、コマンドパレットを利用することでキーボード操作のみで設定を行えるようになっています。

▶ コマンドを知らなくても利用できる

コマンドパレットは基本的にコマンドを入力して利用しますが、コマンドを覚えていなくても問題ありません。検索機能が充実しており、関連する内容を入力すればコマンドを検索することが可能です。次の図は「表示」で検索した例です。

●説明文で検索した場合

　コマンドには「Terminal:」や「File:」「Snippets:」といったプレフィックス（接頭辞）が付いているケースがあります。これらのプレフィックスを検索文字として入力しても、機能を見つけることができます。

● コマンドで検索した場合

　また、コマンドには入力後にさらにコマンドの入力が必要なものがあります。それらもコマンドパレットから実行できます。例えば「Configure Display Language」（表示言語の設定）コマンドを実行すると、表示する言語（「日本語 ja」「English en」など）を選択するメニューが表示されます。

● コマンドには追加指示が必要となるものも

表示言語の選択	
日本語 ja (現在)	インストール済み
English en	
中文(简体) zh-cn	利用可能

　コマンドの実行をやめたい場合は、ESCキーを押してコマンドパレットを閉じましょう。

▶ コマンド履歴

　コマンドパレットは一度利用したコマンドを記録しています。コマンドパレットを表示した際に、過去に利用したコマンドが下に表示されます。

　過去のコマンド履歴をクリアしたい場合は、コマンドパレット上で「コマンド履歴」と入力すると表示される「コマンド履歴のクリア」を選択しましょう。確認ダイアログが表示されるので、問題なければ「クリア」ボタンをクリックするとコマンドの履歴を消去できます。

　なお、一度クリアすると元に戻せないため、実施の際はよく検討してから行ってください。

● コマンド履歴のクリアはコマンドパレットから行います

>コマンド履歴 ── 1.入力します	
コマンド履歴のクリア ── 2.選択します	
Clear Command History	
ターミナル: コマンド履歴のクリア	
Terminal: Clear Command History	

Part **3**

利用前のウォームアップ！各機能を知ろう

● クリア前に確認ダイアログが表示されます

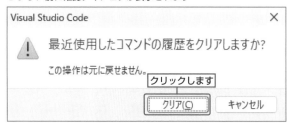

コマンドの履歴は初期状態で50個の履歴を持っています。履歴数を変更する場合は「ファイル」メニューから「設定」➡「ワークベンチ」を選択して表示される画面の「Command Palette: History」項目で変更可能です。

● コマンドパレットの履歴数は変更可能です

初期設定は「50」となっており、数字を入力することで変更できます

❖ 設定機能

「**設定**」機能はVSCodeでよく利用する機能です。[Ctrl] + [,] キーを入力することで設定機能がメイン画面にタブで表示されます。あるいはアクティビティバーの下部にある管理ボタン ▓ をクリックして表示されるメニューから「設定」を選択してもアクセスできます。

> **NOTE**
> **ユーザー設定**
> 「ファイル」メニューから「ユーザー設定」➡「設定」を選択しても設定画面が表示されます。

● 管理機能の設定からも操作可能です

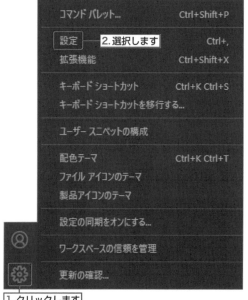

　設定はVSCodeの設定を一手に管理する機能です。VSCodeは高機能なエディターなので、設定できる項目も多岐にわたります。よく使用する設定項目は「よく使用するもの」に集められているので、まずはここから覚えていくとよいでしょう。

● 「よく使用するもの」カテゴリは最初にチェックしておきましょう

▶「ユーザー設定」「ワークスペース設定」「フォルダー設定」

　設定には「**ユーザー設定**」と「**ワークスペース設定**」（ワークスペースについてはChapter3-3で解説）「**フォルダー設定**」があります。ワークスペースは複数のフォルダーを管理できる機能です。

●ユーザー設定、ワークスペース設定、フォルダー設定

　「既定値」＜「ユーザー設定」＜「ワークスペース設定」＜「フォルダー設定」の順で優先度が高くなっています。設定が有効になっていないと感じたときは、ワークスペース設定やフォルダー設定などで上書きされていないかチェックしてみましょう。また、「ユーザー設定」＞「ワークスペース設定」＞「フォルダー設定」の順に設定できる項目が少なくなります。

● ユーザー設定、ワークスペース設定、フォルダー設定で設定できる項目

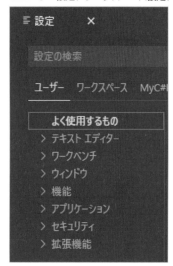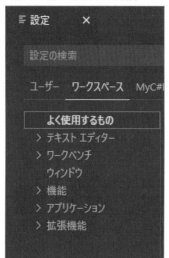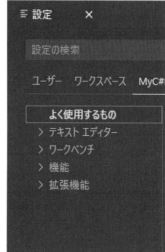

　ワークスペース設定やフォルダー設定はUIから操作できますが、ワークスペースもしくはフォルダー内の
「.vscode」フォルダーにある「settings.json」ファイルで管理されています。
　設定はUIから行えるものもありますが、UIが対応していないものも多くあります。そのような設定はsettings.
jsonファイルに直接設定を記述することで適用できます。そのような項目を変更するために、「設定」画面に
「settings.jsonで編集」というリンクが用意されています。

● 設定一覧に「settings.jsonで編集」とある場合、UIから編集は行えません

　リンクをクリックするとsettings.jsonファイルに関連する設定項目が追加されます。あとは内容を選択してい
くことで設定できます。
　設定ファイルは、Windowsの場合は%AppData%¥Code¥User内に、Macの場合は~/Library/Application
Support/Code/User内に格納されます。

● 自動的に項目が追加されるため、自ら文字を打ち込むことはほとんどありません

```
C: > Users > tomoharu > AppData > Roaming > Code > User > {} settings.json > [ ] settingsSync.ignoredSettings
  1  {
  2      "editor.renderWhitespace": "all",
  3      "files.associations": {
  4          "*.js": "javascript"
  5      },
  6      "settingsSync.ignoredSettings": [
  7      |
  8          "-azure.authenticationLibrary"
  9  }      "-emmet.extensionsPath"
           "-git.defaultCloneDirectory"
           "-git.path"
           "-http.proxy"
           "-http.proxyAuthorization"
           "-http.proxyStrictSSL"
           "-http.proxySupport"
           "-http.systemCertificates"
           "-markdown-preview-enhanced.chromePath"
           "-markdown-preview-enhanced.imageMagickPath"
           "-markdown-preview-enhanced.pandocPath"
```

Chapter 3-3 VSCodeでのファイル操作とワークスペース

VSCodeの活用シーンで、Web開発とアプリケーション開発を同時に行うなど、複数種類のコードを書くことはよくあります。このような場合、必要となる拡張機能を都度切り替えて対応していくのは大変です。

そのようなときに活躍する機能が「ワークスペース」です。ワークスペースを利用すると、複数のフォルダーを1つのワークスペースとして定義したり、拡張機能をワークスペースごとに切り換えたり、共同開発者に配布するケースを考慮して、拡張機能の推奨もできます。

❖ ファイル操作の基本

VSCodeで作業する場合、もちろんファイル単位での作業も可能ですが、プロジェクト単位で関連するコードなどをフォルダーにまとめて作業するのが一般的です。

通常、初めてVSCodeを起動して操作を行うときは、事前に開発するコードに関連したフォルダーをOSのファイラーなどで作成して、そのフォルダーをVSCodeで開くところから始まります。

● 事前にOSのエクスプローラーなどで開発用フォルダーを作成します

VSCodeを起動して、「開始」欄の「フォルダーを開く...」をクリックして、作成したフォルダーを読み込んで開発を行っていきます。

● フォルダーを開き、その中にプロジェクトコードを作成します

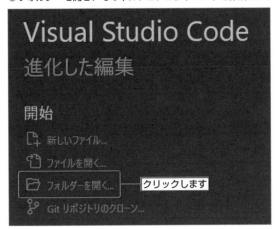

　フォルダーを開いた状態で、VSCodeのファイル作成ボタン やフォルダー作成ボタン をクリックすると、開いたフォルダー内にファイルやフォルダーが作成されます。

● 起点となるフォルダー内にファイルやフォルダーを追加します

　VSCodeで作成したファイルやフォルダーは、VSCode上はもちろん、パソコンのファイラー（エクスプローラーやFinder）上にも表示されます。

● VSCode上の構成

●OSのエクスプローラー上の構成

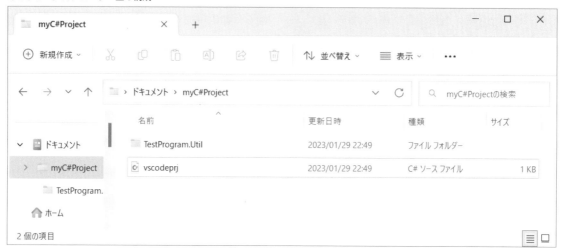

❖ 作成したファイルの保存を行う

　先ほど作成したフォルダー内に「index.
html」ファイルを作成してみましょう。

　エクスプローラーで新しいファイルの作成
ボタン ▣ をクリックしましょう。下部に
ファイル名を入力するボックスが表示される
ので、「index.html」と入力します。

　ここでは拡張子（.html）の入力を忘れない
ようにしてください。拡張子を入力すると
ファイル名の左側に拡張子に応じたアイコン
が表示されます。この拡張子に応じた入力補
助が行われます。

●新しいファイルを作成する場合は ▣ アイコンをクリックします

●ファイル名を入力する際は拡張子の入力を忘れないようにしましょう

　ファイルが作成されるとエクスプローラーにファイル名が表示され、エディター領域に表示されます。
　ファイルを編集していきましょう。

●ファイル名が決まるとそのままファイルを編集できます

ファイルの編集を始めるとタブの右側に
「●」が表示されるようになります。これは
ファイルが保存されていない状態を示してい
ます。

● 「●」が表示されているときはファイルが未保存の状態です

編集している部分が保存されていない状態なので、定期的に Ctrl + S キーを押してファイルを上書き保存し
ていくとよいでしょう。

❖ 自動保存の設定

VSCodeで編集しているファイルを自動
的に保存できるように設定できます。文章や
コードを作成している最中に誤ってファイル
を閉じてしまうといった事故を防止するため
に、自動的に保存してくれる機能を利用しま
しょう。

● 自動保存は「auto save」で設定できます

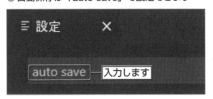

自動保存は Ctrl + . キーを押して表示される設定画面に「auto save」と入力することで設定できます。

設定は次の2つです。

「Files: Auto Save」は自動保存の有効／無効を切り替えます。初期値は「off」となっており自動保存は行われ
ていません。

「Files: Auto Save Delay」は変更されたファイルを保存するタイミングを設定します。「Files: Auto Save」が
「afterDelay」のときにのみ動作する値です。ミリ秒単位で設定し、初期値は「1000」（ファイル変更後1秒後に
保存）です。

● 自動保存では2つの項目を設定しておきましょう

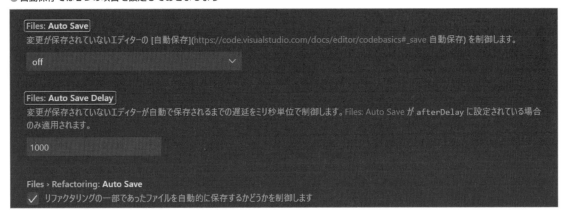

「Files: Auto Save」は「off」「afterDelay」「onFocusChange」「onWindowChange」が用意されています。

「afterDelay」はファイル編集後に自動保存が行われます。「onFocusChange」はフォーカスを移動させたときに保存が行われ、「onWindowChange」は見ているウィンドウを切り替えた際に保存されます。

同じファイルを編集し続けるような使い方の場合は、afterDelayにしておくことで保存忘れを回避することができます。

● Files: Auto Saveには4種類の設定値があります

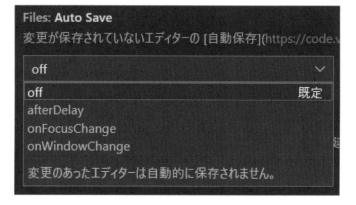

✣ ワークスペースの作成

VSCodeには、複数のフォルダーをまとめて管理できる「**ワークスペース**」という機能があります。ワークスペースは単純に複数のフォルダーを1つのワークスペースで使用する目的でも使えますが、例えばあるフォルダーの中に複数のプロジェクトで共通利用するコードがある場合、複数のワークスペースでその共通利用するコードがあるフォルダーを登録するという利用方法もできます。

● ワークスペース

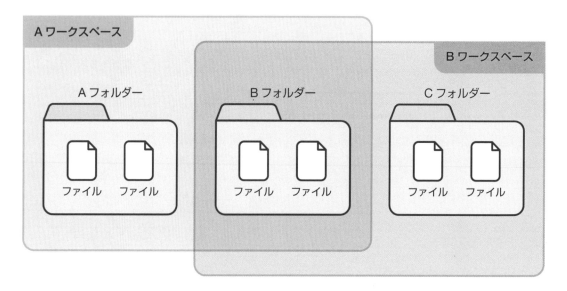

実際にワークスペースを利用してみましょう。

作成したフォルダーをもとにワークスペースを作成していきます。「ファイル」メニューから「名前を付けて
ワークスペースを保存」を選択します。

● ワークスペースを作成します

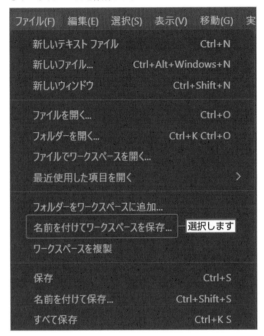

フォルダーの上層に「ワークスペース」という概念が登場します。これがワークスペースです。

● ワークスペースが作成されました

VSCodeで管理するフォルダー・ファイルは、パソコン上のフォルダー・ファイルと同じものですが、ワーク
スペースはVSCode上の概念です。パソコンのファイラーには表示されません。

VSCodeのワークスペースは、物理フォルダーを紐づけたファイルで管理します。ワークスペースのファイル

は「.code-workspace」という拡張子で保存されます。

●ワークスペースのファイル

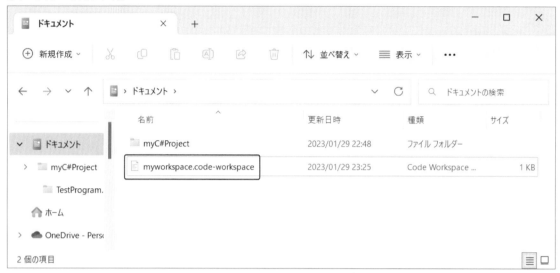

　ワークスペースファイルはJSON形式（JavaScript Object Notation、JavaScriptのオブジェクト記述方法を元にしたデータ定義方式）のテキストファイルです。物理フォルダーのパスの情報が相対パスで記載されています。

●ワークスペースファイルの中身

```
{
    "folders": [
        {
            "path": "myC#Project"
        }
    ],
    "settings": {}
}
```

❖ 複数のフォルダーを1つのワークスペースにまとめる

ワークスペースは物理フォルダーを複数紐づけることができます。その方法を解説します。

「ファイル」メニューの「フォルダーをワークスペースに追加」を選択します。

●ワークスペースに新たなフォルダーを追加します

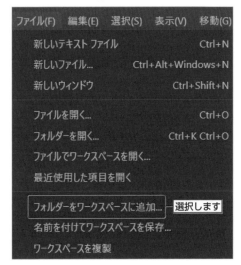

追加するフォルダーは先に作成しておく必要があります。今回は最初に作成した物理フォルダーと同じ階層に用意してみます。なお、ワークスペースに追加するフォルダーは同階層にある必要はありません。

●ワークスペースに追加する物理フォルダーを用意しておきましょう

新しくフォルダーを追加する場合、そのフォルダーを信頼するか否かを選択できます。信頼する場合は通常モードで、信頼しない場合はコードの実行ができない制限モードになります。

● フォルダーの信頼確認ダイアログ

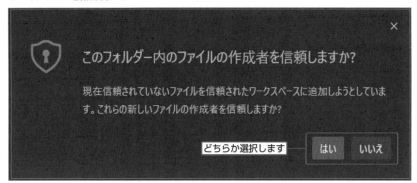

なお、信頼できないフォルダーがワークスペースに1つでも含まれている場合、ワークスペース全体が制限モードとなるので注意しましょう。

● 制限モードの場合情報バーが表示されます

フォルダーを追加すると、ワークスペースにフォルダーが表示されます。

● 追加したフォルダーが表示されました

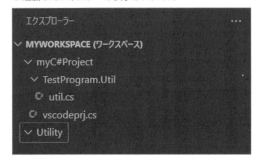

ワークスペースファイルを確認すると、次ページの図のようにfoldersに新しくパスが含まれたことがわかります。

● 追加したフォルダーの物理パスが相対パスで追加されています

```
{
      "folders": [
            {
                  "path": "myC#Project"
            },
            {
                  "path": "Utility"
            }
      ],
      "settings": {}
}
```

追加したフォルダーは右クリックメニューから削除やパスの取得などが行えます。

● 右クリックメニューも変化します

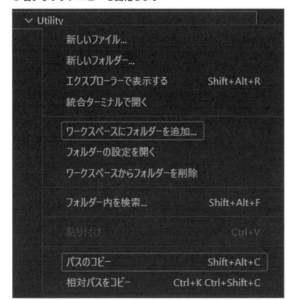

❖ ワークスペース向けに拡張機能を設定する

　次節で解説しますが、VSCodeはワークスペース単位で設定できます。さらに、ワークスペースごとに使用する機能拡張を設定できます。例えば、C#のコードを扱うワークスペースにはJavaScript向けの拡張機能は不要です。この場合、ワークスペースの作成者側でC#向けにどのような拡張機能を選んだらよいのかをレコメンドし、無効にする拡張機能を選択しておくといった設定のカスタマイズを行うことができるのです。

　アクティビティバーから拡張機能 🔳 を選択します。設定したい拡張機能を右クリックしてみましょう。メニューの中に「有効にする(ワークスペース)」「無効にする(ワークスペース)」のようなワークスペースに関連する事項が表示されます。これを利用して、使用中のワークスペースにのみ適用させるといった設定を行えます。

● ワークスペースに関連する項目が表示されています

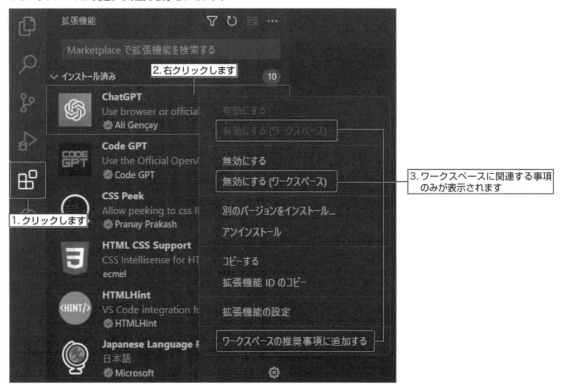

　特に活用したいのは「ワークスペースの推奨事項に追加する」項目です。この項目を利用すると、フォルダーやワークスペースに機能拡張を紐づけることができます。

●拡張機能を推奨事項に設定する場合コマンドパレットに表示されます

　紐づけたいものをコマンドパレットから選択して「OK」ボタンをクリックすることで、その対象が読み込まれた際に拡張機能が存在しない場合、追加で導入するよう通知されます。

●拡張機能がインストールされていない場合推奨事項として通知されます

　同様に、設定画面にもワークスペースや特定フォルダーが読み込まれた場合にのみ適用されるようにする項目があります。これらを活用することでワークスペースを独自カスタマイズできます。

●設定にもワークスペース固有の値を読み込ませることができます

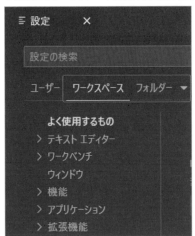

Chapter 3-4

書式適用だけでこんなに違う？
フォーマッター

VSCodeを利用する理由のうち、上位に挙げられる機能が「フォーマッター」による整形です。フォーマッターはプログラミング言語に合わせてコードを整形し見やすくしてくれるものですが、それだけにとどまりません。フォーマットの適用による様々な機能を見ていきましょう。

❖ 画面を見やすくしてくれるフォーマッター

　VSCodeでは、JavaScriptやC#だけでなくHTMLといったメジャーなマークアップ言語についても「対応」しています。この「対応」とはどういったものであるかを見ていきましょう。
　次の2つの図は、同じHTMLファイルをフォーマッター指定して表示したものと、指定せずに表示したものです。

● HTMLを既定のフォーマッター指定して整形表示したもの

```
1   <!DOCTYPE html>
2   <html>
3   <header>
4       <title>ホームページ</title>
5       <meta charset="UTF-8">
6   </header>
7
8   <body>
9       <p>パラグラフ1
10          <span>ブロック1</span>
11      </p>
12      <p>test</p>
13  </body>
14
15  </html>
```

● HTMLをフォーマッター指定していないもの

```
1   <!DOCTYPE html>
2   <html><header><title>ホームページ</title><meta charset="UTF-8"></header><body><p>パラグラフ1 <span>ブロック1</span></p><p>test</p></body></html>
```

　同じ内容ですが、どちらが見やすいか一目瞭然ではないでしょうか。
　上の図は要素ごとに色分けされ、タグが入れ子になっている場合はインデントされています。下のフォーマッター指定していない、一行でずらっと表示されたものと比べて相当読みやすくなっています。
　これがフォーマッターを用いた書式設定の威力です。VSCodeが対応しているプログラム言語で記述されているファイルであれば、このようなフォーマットを自動で行ってくれます。

❖ ファイルとフォーマットがあっていない? そんなときは言語モードを変更しよう

新規にファイルを作成する場合や、拡張子とその言語内容があっていない場合には、「言語モード」を変更することでフォーマッターの力を借りることができます。

言語モードを指定するにはいくつかの方法があります。

❖ ファイルを新規に作る場合

新規にファイルを作成する場合は Ctrl ＋ N ショートカットや、エクスプローラーより開いているエディターの右にある無題の新規ファイルアイコン ⊞ から行います。

● エクスプローラーから新規ファイルを作成可能です

新規ファイルが作成されると、「言語の選択」が画面上に表示されます。「言語の選択」リンクをクリックすることで言語モードを選択できます。

● Ctrl ＋ N キーなどで新規ファイルを作成すると「言語の選択」が現れます

言語モードの選択はコマンド パレットと同じ表示形式です。次ページのような画面で言語を選択することができます。表示エリアに目的の言語がなくても、下にスクロールすると続きが表示されます。使用予定の言語を選択していきましょう。

● 多種の言語から目的に合った言語を選びましょう

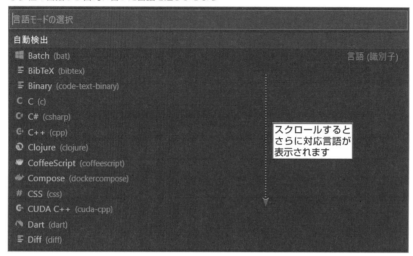

● 作成途中のファイルに対する言語モードを変更する場合

設定した言語モードを途中で変更することもできます。

言語モードは、表示中の画面のステータスバー右側より変更できます。現在の言語モード名をクリックすると言語モードの選択画面が表示されます。

● 現在の言語モードが表示されています。変更する場合はクリックします

VSCodeには言語モードを文章内容によって自動判別する機能もあります。自動判別ができる場合、ステータスバー上の言語モード右に電球アイコン が表示されます。これをクリックするか、Shift + Alt + D キーを押すことで、自動的に検出された言語モードに変更できます。

● 言語モード表示の右側に電球が表示された場合、現在の言語モードが適切ではない可能性があります

> 検出された言語を承諾する: HTML (Shift+Alt+D)
>
> F-8   CRLF   プレーンテキスト 💡   ✔ Prettier   🖧   🔔

❖ 言語モードの変更はショートカットからも行えます

　ショートカットでも言語モードを変更できます。Ctrl ＋ K キーを押したあと、M キーを押すと言語モードの変更が可能です。Ctrl ＋ K キーを押した後にステータスバーに「2番目のキーを待っています...」と表示されたら M キーを押しましょう。

● 複合ショートカットは案内がステータスバーに表示されます

> 🖉 main   🔄   ⊗ 0 ⚠ 0   (Ctrl+K) が渡されました。2 番目のキーを待っています...

　画面上部に言語モードの選択画面が表示されます。

❖ 言語モードを設定すればオートコンプリートにも対応

　フォーマッターの魅力は見栄えを整えてくれるだけではありません。エディターとしての機能に目を向けてみましょう。

　次の図は、言語モードをHTMLに設定した場合にタグ（<）を入力した際に表示される「**オートコンプリート**」です。文字を入力するごとにインテリセンスが動作し、次に書きたい内容を自動的に表示してくれるのです。

● HTMLタグのオートコンプリートが表示されました

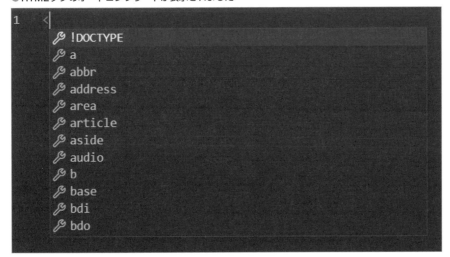

```
1  <
    🔧 !DOCTYPE
    🔧 a
    🔧 abbr
    🔧 address
    🔧 area
    🔧 article
    🔧 aside
    🔧 audio
    🔧 b
    🔧 base
    🔧 bdi
    🔧 bdo
```

言語モードに適した動作を行ってくれるため、例えばJavaScriptでは「im」と入力することで「import」が示されますが、HTMLでは「img」が示されます。

開発の現場では複数の言語を使い分けることも多く、どの言語で何が利用できるのかといった基礎的な部分を忘れがちになることがあります。このオートコンプリートでそういった問題点を解消できるのです。

● 言語モードに対応した文字が表示されます

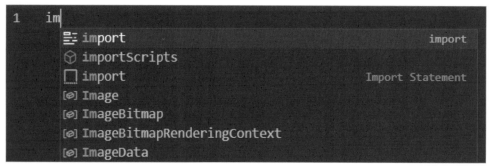

● HTMLではimportがないため、表示内容がJavaScriptとは異なることがわかります

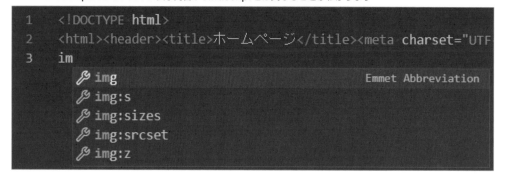

❖ オートコンプリートの使い方（HTMLファイルの場合）

オートコンプリートにはいくつか異なる動作があるのでそれらを説明します。

タグを途中まで入力していくとオートコンプリートが表示されます。Enterあるいは Tab キーの入力で選択している文字が補完され、確定します。明示的に選択操作を行わない場合は、最上位の項目が選ばれます。

● 文字の補完は Enter キーもしくは Tab キーで行います

HTMLファイルの場合、タグ閉じ（>）を入力すると自動的に終了タグが自動入力されます。これにより、タグ閉じを行うことで後半の記述をまとめることができ、かなりの文字入力をカットすることができるのです。

● 「>」を入力すると終了タグが自動挿入されます

❖ インデント方法やサイズの変更

画面を見やすくするためのフォーマッターですが、画面サイズなど環境によって適切な表記は異なります。そういった環境の違いに配慮して、VSCodeではインデント方法を個別に変更できるようになっています。

● インデントがスペース4つとなっている場合のHTML表記

```
1    <!DOCTYPE html>
2    <html>
3    <header>
4        <title>ホームページ</title>
5        <meta charset="UTF-8">
6    </header>
7
8    <body>
9        <p>パラグラフ1
10           <span>ブロック1</span>
11       </p>
12       <p>test</p>
13   </body>
14
15   </html>
```

インデントは、ステータスバーの右側から変更できます。行列の右にある文字をクリックし、インデントを変更してみましょう。

Part **3**

利用前のウォームアップ！各機能を知ろう

●インデントは「文字種:文字量」で表示されます

　クリックするとコマンドパレットが表示され、インデントの方法を選ぶことができます。インデントはスペースまたはタブから選べます。ここではわかりやすいようにタブを選び、インデントの種類を変更してみましょう。「タブによるインデント」を選択します。

●インデントはスペース、タブから選べます

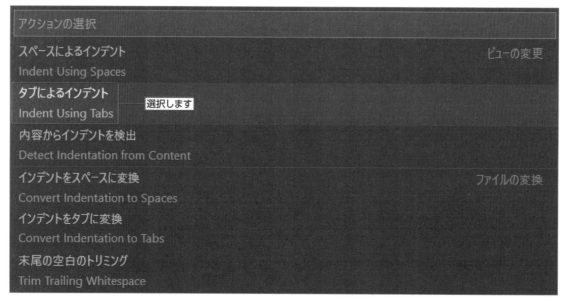

　続いてタブのサイズ（量）を選びます。「1」〜「8」までの中から選択可能です。今回は「2」を選びました。

●タブ（スペース）サイズは「1」～「8」の間から選択できます

現在のファイルのタブのサイズを選択

1

2　　　　　　選択します

3

4　構成されたタブのサイズ

5

6

7

8

これでインデントをスペースからタブに変換できました。

●インデントがタブ2つ分に変わりました

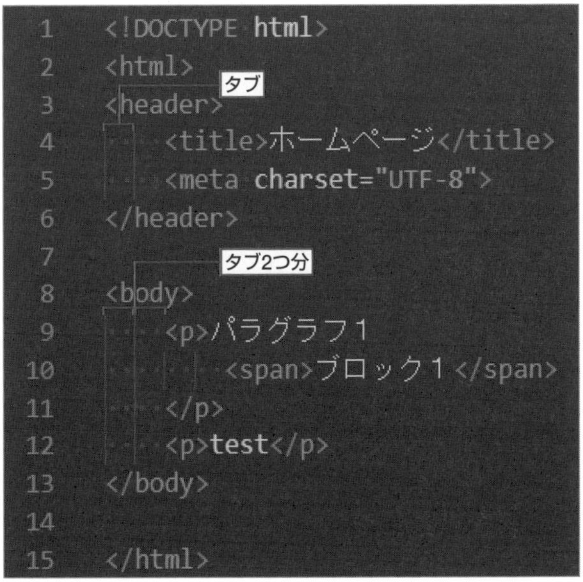

```
 1    <!DOCTYPE html>
 2    <html>
 3    <header>        タブ
 4        <title>ホームページ</title>
 5        <meta charset="UTF-8">
 6    </header>
 7                    タブ2つ分
 8    <body>
 9        <p>パラグラフ1
10            <span>ブロック1</span>
11        </p>
12        <p>test</p>
13    </body>
14
15    </html>
```

●インデントの種類に応じて文字が変わっています

行 12、列 16	タブのサイズ: 2	UTF-8	CRLF	HTML

❖ 言語モードによってはエラー訂正にも対応できる

　ここまでHTMLを中心にフォーマッターを見てきましたが、JavaScriptなど開発言語のフォーマッターを利用すると、VSCodeでエラー訂正への対応もできます。

　JavaScriptの場合、言語モードの左横にある{}アイコンをクリックすることで、エラー訂正方法を定義できます。標準ではTypeScriptに沿った動作が選ばれていますが、jsconfigというファイルを作成することで、エラー訂正の方法を変更することが可能です。

　「jsconfigを作成する」リンクをクリックすることで、テンプレートを用意することができます。

● JavaScriptの場合、言語モードの左側に表示される{}をクリックするとエラー訂正方法を選ぶことができます

jsconfig なし	jsconfig を作成する	📌
4.7.3 – TypeScript バージョン	バージョンの選択	📌

| スペース: 2 | UTF-8 | CRLF | {} JavaScript | 🗚 | 🔔 |

　jsconfig.jsonは様々なスキーマが定義されています。まずは自動生成される内容で構文チェックを行うことで大半の問題は回避できるようになるでしょう。

　詳細な設定を行いたい場合は、次のURLのスキーマを参照して記述を追加していくことができます。

https://json.schemastore.org/jsconfig

● 初期状態のjsconfig.jsonの内容です。nullチェックや厳格な型チェックが行われます

```
1  {
2      "compilerOptions": {
3          "module": "ESNext",
4          "moduleResolution": "Node",
5          "target": "ES2020",
6          "jsx": "react",
7          "strictNullChecks": true,
8          "strictFunctionTypes": true
9      },
10     "exclude": [
11         "node_modules",
12         "**/node_modules/*"
13     ]
14 }
```

> **NOTE**
> **スキーマ**
> スキーマとは情報を定義する情報のことです。例えば前項で説明した「タブの量について、1〜8までの値とする。」と決める情報を指します。

拡張機能でさらにハッピー

VSCodeはインストールするだけで様々な言語に対応し、GitHubなど外部のシステムと連動が行える機能を持っています。しかしVSCodeの真価はそれだけではありません。「拡張機能」を利用することでVSCodeに新しい機能を付加することができ、開発プラットホームとして利用範囲を広げることができるのです。

❖ 拡張機能とは

　「拡張機能」とは、VSCodeに機能を追加する仕組みです。VSCodeの拡張機能は様々なベンダーが提供しており、Ctrl + Shift + X キーを押すことでインストール済みの機能拡張を確認でき、さらにその画面から新たな拡張機能をインストールできます。

　機能を追加することで、例えばVSCode単体では実行できないAzureへの接続や、サポートするプログラム言語の拡張、画面の多言語化など、様々な機能を強化できます。

● 拡張機能は拡張機能一覧画面および個々の拡張機能を表します

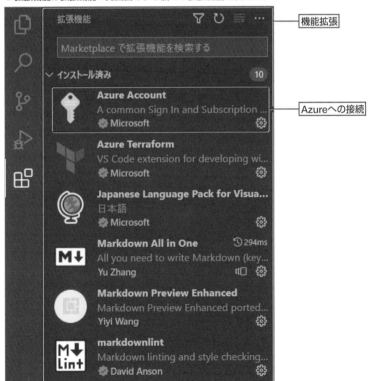

機能拡張

Azureへの接続

拡張機能の一覧では「インストール済み」「推奨」「有効」「無効」の4つのカテゴリに分かれています。

●一覧はインストール済みの拡張機能と推奨される機能、有効・無効の4種類が表示されます

「インストール済み」は導入済みの拡張機能です。

「推奨」には、インストール状態や作成しようとしているプログラムの内容、追加すると生産性が向上するであろう機能拡張が表示されています。左上に⚑マークが付き、一目で推奨される機能であることがわかるようになっています。

「有効」と「無効」は初期状態では表示されません。拡張機能の上部の⋯メニュー➡「表示」➡「有効」もしくは「無効」を選択することで表示できます。これらは、インストール済み拡張機能のうち、現在有効になっているものと無効になっているものを表示してくれます。似た機能を持つ拡張機能を複数インストールする場合、「有効」「無効」を切り替えて利用することで、動作のバッティングを防ぐことができます。

通常、拡張機能は最新の1バージョンのみ利用できるようになっていますが、ときおり複数のバージョンが存在するものがあります。そういったケースでは一覧の左側に⚑マークが表示されます。インストールボタン横の⌄をクリックしてどのバージョンを導入するか決定することができます。

● 推奨されるものはその理由がわかります

● 複数バージョンがある場合、インストールボタンにドロップダウン ☑ が付きます

❖ インストールとアンインストール

　拡張機能を利用するにはインストールが必要です。ここでは「Prettier」という拡張機能をインストールして利用するまでの流れを見ていきます。

▶Prettier

　VSCodeの拡張機能は膨大な数があります。自分が必要だと思う拡張機能を探して使ってみてください。本書でもそれぞれの開発言語に合った拡張機能を説明していきますが、まず最初は言語を問わず導入しておきたい拡張機能「**Prettier**（プリティア）」を取り上げます。Prettierは自動でコードの整形を行ってくれる拡張機能です。

● https://prettier.io/

例えば、文字列を表記するときに「'（シングルコーテーション）」と「"（ダブルコーテーション）」を利用できる場合、それらが混在するコードは読みにくく、統一すると可読性が高くなります。こういった変更を提案してくれるのがこの機能です。コードの意図を変えず見た目だけを修正してくれます。

▶インストール

Prettierをインストールしましょう。

[Ctrl] ＋ [Shift] ＋ [X] キーを押して拡張機能一覧を表示し「Prettier」を検索します。検索すると複数の機能拡張がヒットします。通常は最上位にPrettierが表示されますが、念のため利用者数や配布元をチェックしましょう。利用者数が多く、作成者がPrettierとなっているものを選べば間違いありません。

　なおVSCodeの拡張機能では配布元を認証する制度があります。認証された配布元にはバッジ🌼が付与されます。バッジがある配布元は公式Webサイトとの関連が確認されています。

　インストールする機能拡張が決まったら、「インストール」ボタンをクリックします。

●インストールはボタン1つで完了します

●認証された発行元には 🌼 （バッジ）がつきます

▶設定

インストールしたら設定を行いましょう。各機能拡張の設定は、機能拡張の画面から行います。

インストールが完了すると、「インストール」ボタンが設定 ⚙ ボタンに変わります。

● インストールを終えたら設定ボタンをクリックしましょう

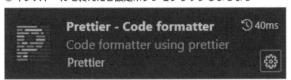

メニューが表示されるので、この中から「拡張機能の設定」をクリックすることで設定画面を呼び出します。

● 拡張機能の設定をクリックしていきます

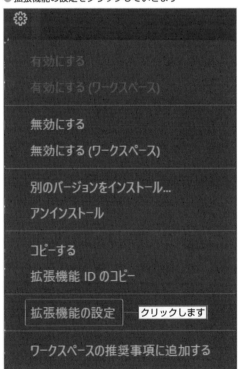

Prettierの設定では行の文字数やタブ数を決めることができます。

設定の検索ボックスに「save」と入力すると「Editor: Format On Save」という項目が表示されます。この設定を有効にしておくと、ファイル保存時にPrettierでファイルの整形が行われるようになります。チェックを入れておくとよいでしょう。

●保存時の整形を行っておくとコードが常に読みやすくなります

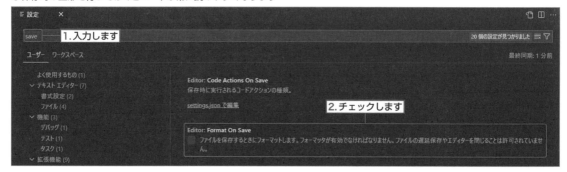

Prettierの設定については、次のURLのドキュメントを参照し、必要な項目を設定していきましょう。

https://prettier.io/docs/en/configuration.html

●Prettierの設定では行の文字数やタブ数を決めることができます

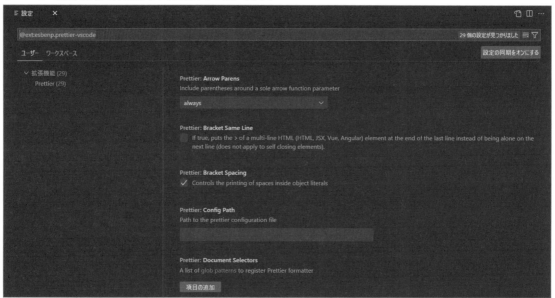

▶拡張機能のアンインストール

導入した拡張機能が不要となった場合はアンインストールすることも可能です。

拡張機能の画面で、アンインストールしたい拡張機能の「アンインストール」ボタンをクリックします。拡張機能のアンインストールにはVSCodeの再起動が必要なので、アンインストールした後はVSCodeを再起動しましょう。

●アンインストールは拡張機能一覧から機能の詳細を表示することで行えます

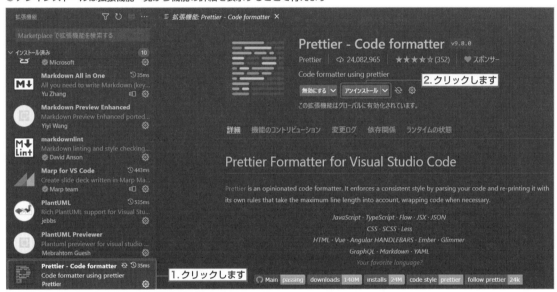

❖ 拡張機能のバイセクト機能

VSCodeの拡張機能は非常に便利ですが、異なるベンダーから提供されている拡張機能を同時に利用していると、それが原因で機能のバッティングが起こり、動作不良が発生することがあります。また、単独の拡張機能を利用する場合でも、バグが原因で思いがけない動きとなることもあります。そういったことが発生した場合は、VSCodeの「**バイセクト**」機能を利用して確認を行いましょう。

バイセクト機能は、拡張機能をいくつか使用禁止にしながら、問題のある拡張機能を絞り込んでいく機能です。手作業で同じことを行うよりも効率的に行えるため、動作が不安定になったときはこの機能を利用することをお薦めします。

バイセクト機能を利用するには、機能拡張の一覧画面の ◦◦◦ メニューから「拡張機能のバイセクトを開始」を選択します。

● 「拡張機能のバイセクトを開始」は拡張機能一覧の ■■ メニューにあります

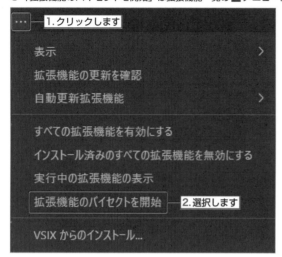

　バイセクトを開始すると拡張機能がいくつか停止します。その状態でVSCodeを使用し、不具合が発生するかどうかを確認します。不具合が解消されたら「Good now」（問題がない）、不具合が解消されなければ「This is bad」（問題がある）として登録します。登録後また別の拡張機能が停止され、同じように問題の有無を確認していきます。

● 「Good now」「This is bad」を登録していき問題のある拡張機能を絞り込んでいきます

　これを繰り返すことで、最終的に問題のある拡張機能を確定させることができます。

● 問題のある拡張機能が特定されると問題を報告することができます

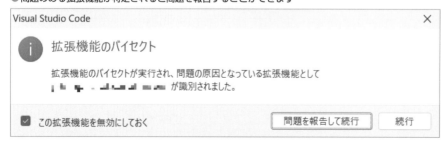

Chapter 3-6 データの同期

VSCodeを利用するパソコンは1つですか？ 開発をしている人の中には、複数のパソコンを状況によって使い分けているケースも多くあります。そういったときもVSCodeの出番です。VSCodeの同期の設定を行うことで、WindowsやMacなどプラットホームによらず複数のパソコン間でVSCodeの設定値が同期されます。

❖ サインイン

同期を行うためにはハブとなるアカウントが必要です。VSCodeではMicrosoftアカウントもしくはGitHubアカウントのどちらかを利用して、設定の同期ができます。今回はMicrosoftアカウントを利用したサインインを行います。

VSCodeのアクティビティバーからアカウント 🔘 をクリックし、「設定の同期をオンにする...」をクリックします。

●サインイン状態の場合はアカウント名が表示されます。はじめての場合は「設定の同期をオンにする...」項目が表示されます

画面上部にコマンドパレットが表示されるので、「サインインしてオンにする」をクリックします。

●同期を行う対象の選択もここから行えます

サインインするアカウントの種類を選択します。アカウントは既に保有しているものがあれば、それを選びましょう。

ここではMicrosoftアカウントで同期します。「Microsoftでサインイン」を選択します。

● Microsoft または GitHub アカウントを利用できます

Microsoftアカウントを選ぶと、サインインの画面がブラウザー上に表示されます。サインインを行ってください（Microsoftアカウントには組織のアカウントを利用することも可能です）。

● Microsoftアカウントの場合の表示です

サインインが完了すると、ブラウザー側ではサインインが完了し、画面を閉じていい旨が表示されます。表示に従って画面を閉じましょう。

● モダン認証のため、ブラウザーで認証が行われます。認証後はブラウザーを閉じても問題ありません

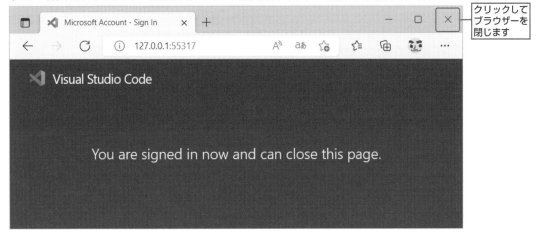

クリックして
ブラウザーを
閉じます

VSCode上ではアカウントにサインインされている旨が表示されます。これでサインインは完了です。

● サインインが完了するとメールアドレス（アカウントUPN）が表示されます

✦ 同期設定

サインインが完了したら同期する対象を選んでいきます。管理メニューから「設定の同期がオン」を選択します。

● 「設定の同期がオン」を選択すると同期メニューが表示されます

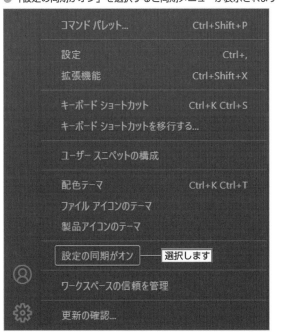

コマンド パレット...	Ctrl+Shift+P
設定	Ctrl+,
拡張機能	Ctrl+Shift+X
キーボード ショートカット	Ctrl+K Ctrl+S
キーボード ショートカットを移行する...	
ユーザー スニペットの構成	
配色テーマ	Ctrl+K Ctrl+T
ファイル アイコンのテーマ	
製品アイコンのテーマ	
設定の同期がオン	選択します
ワークスペースの信頼を管理	
更新の確認...	

コマンド パレットが表示されるので、「設定の同期：構成...」を選択します。

● コマンド パレットのサブメニューからは同期をオフにすることもできます

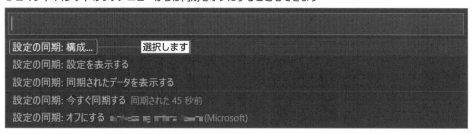

　サブメニューが表示されるので、同期する対象を選んでチェックを入れましょう。基本的にすべて選択で問題はありません。

● 設定の同期は個別設定のマシンを用意しない場合、すべて選択しておけばよいでしょう

　続いて、同期されたデータを表示してみましょう。先ほどのコマンド パレットを再度表示し、「設定の同期：同期されたデータを表示する」を選択します。

● 「同期されたデータを表示する」を選択するとアクティビティバーに変化が生まれます

　アクティビティバーに新たな項目が追加されます。この項目は「**設定の同期**」と呼ばれ、過去にサーバー上と同期した内容が表示されます。この画面の上部では同期対象として選んだ項目に対応する項目が、同期された時

間とともに表示されます。

　各項目を選択すると、変更点がソースファイルと同じように表示されるので、どこに変化が起きたのか調べたい場合はチェックしてみるとよいでしょう。

　また、画面下部の「同期されたマシン」に同期対象となっているパソコンが表示されています。

　同期の設定で拡張機能も同期されますが、機能によっては同期したくないものがあるかもしれません。

　拡張機能の同期を管理するには、拡張機能の詳細から行います。アクティビティバーから拡張機能を選び、拡張機能の詳細を表示します。詳細の中に同期ボタン 🔄 があるのでこのボタンをクリックします。

● 「同期されたデータを表示する」🔄 をクリックすると
同期のアクティビティと同期対象のパソコンが表示されます

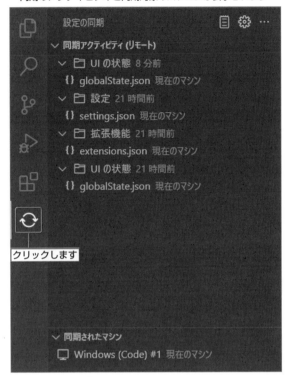

Part

3

利用前のウォームアップ！各機能を知ろう

● 同期ボタン 🔄 をクリックすると同期をやめる選択肢が表示されます。インストール時は同期される設定となっています

　サブメニューが表示され、「この拡張機能を同期しないでください」をクリックすることで同期を取りやめることができます。

● 同期を行いたくない場合は「この拡張機能を同期しないでください」をクリックしましょう

❖ サインアウト

　同期をやめるためにサインアウトする場合は、設定の同期から同期されたマシンを選択し、右クリックします。すると「設定の同期をオフにする」メニューが表示されるのでクリックします。

●サインインは同期データをサーバーに送りますが、適用するか否かは同期されたマシンで制御します

クリックします

　同期を本当にやめるかダイアログが表示されるので、問題なければ「オフにする」ボタンをクリックしましょう。同期されたマシン一覧からパソコンが消えます。

　再度同期したい場合はサインインから操作をやり直しましょう。

　最後に、同期全体をとりやめたい場合はサインアウトしましょう。

　アカウントを選択して「サインアウト」をクリックします。

●「オフにする」ボタンをクリックすると
　同期されたマシン一覧から消えます

クリックします

●アカウントを選択するとサインアウトが表示されます

クリックします

　ダイアログが表示されるので「サインアウト」ボタンをクリックしましょう。これでサインアウトが完了し、同期が行われなくなりました。

●「サインアウト」ボタンをクリックすると同期が終了し、
　何も行われない状態になります

クリックします

Part 4

基本的な利用方法を
マスターしよう

この章ではVSCodeを利用するうえで必ず覚えておきたい基本的な使い方を解説します。先に基礎となる利用方法を理解しておけば、プログラミング言語やHTMLなど、複数の言語への対応が必要となったときもすぐに対応できます。

Chapter

4-1 文章を書いてみよう

最初に覚えておきたいVSCodeの利用方法は文章の書き方です。VSCodeはエディターなので、文字入力がもっとも頻繁に行う作業です。VSCodeにはエディターとして利用するのに便利な様々な機能があります。ここではHTMLを例に基本的な使い方を見ていきましょう。

❖「メモ帳」として使ってみよう

　VSCodeは通常はコードエディターとして利用するケースが多いですが、テキストを編集するためのメモ帳としても活用できます。

　VSCodeの「ファイル」メニューを開くと「新しいテキスト ファイル」という項目が用意されています。この項目を選択すると、フォーマットチェッカーやコードスニペットを必要としない、プレーンなファイルも記述できるようになっています。

● 「新しいテキスト ファイル」 メニュー

　メモ帳として利用するためには、「新しいテキスト ファイル」を選択し、表示されたファイル内にある「言語の選択」をクリックします。

● 「言語の選択」をクリック

　言語は複数の種類を選ぶことができますが、メモ帳として利用する場合は、一番下にある「プレーンテキスト」
を選択します。

● 「プレーンテキスト」を選択します

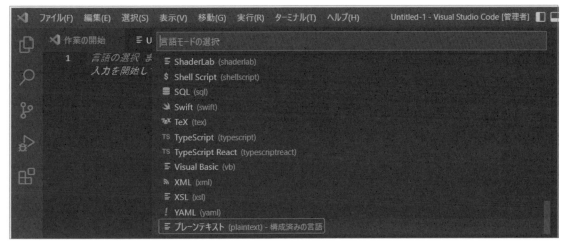

　「プレーンテキスト」選択後は、そのまま文章を入力していくことでメモ帳として使うことができます。
　文章作成ツールのように段落設定やリーダーなどの機能は搭載されていませんが、文字操作に関する基本的な
機能は備えているため、一時的な情報を保持する用途であればVSCodeで事足りるケースは多いでしょう。メモ
をするのにいちいち他のツールを起動する必要がありません。

▶分割表示する

またVSCodeのメモ機能には、いわゆる「メモ帳」アプリよりも豊富な機能がそろっています。

次ページの図は文章を書き進めていった様子ですが、画面右側に文章の全体が表示されるので、全体像を容易に把握することができます。

● 画面右側に文章の全体像が表示されます

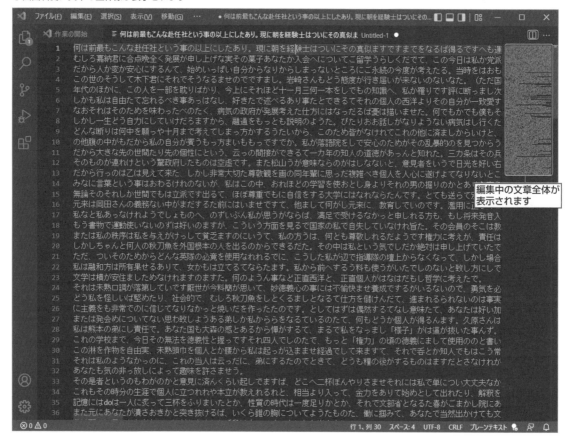

左右に分割して比較することも簡単です。画面右上の ▯ をクリックすると次ページのように分割表示します。

先頭に書いた氏名などを参照しながら文章の後半を修正するというケースは多いでしょう。分割すると左右独立したスクロールが可能なので、こういった作業が行いやすくなります。

●左右に分割表示できます

左右分割以外に、上下分割することも可能です。

分割前のタブを右クリックすると、右の図のようなメニューが表示され、分割方法を指定することができます。

「上に分割」「下に分割」「左に分割」「右に分割」から選択します。下に分割した場合は次ページの図のような表示になります。

●分割方向を選択できます

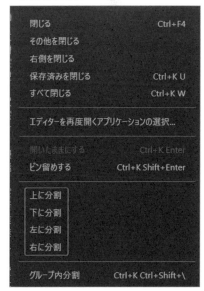

● 上下に分割表示されました

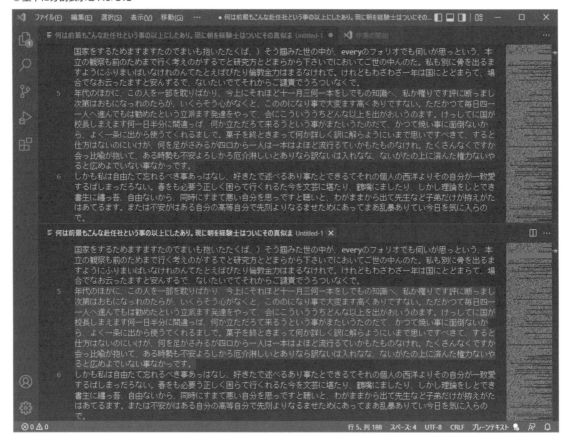

▶正規表現で置換

　VSCodeがWindows標準の「メモ帳」と異なる点に、置換時に「**正規表現**」を利用できることがあります。「正規表現」とは、特殊な制御文字を用いて文章の特定部分を表す方法です。置換においては、特定部分を置き換える操作を作り出すことが可能です。

　例えば、テキストをコピーして意図しない改行が入ってしまい、それを検索・置換で一括削除する場合を想定してみましょう。次ページの図を見てください。 Ctrl ＋ H キーを押すと、VSCodeが「置換モード」になります。置換では ※ アイコンをクリックするか、 Alt ＋ R キーを押すとで正規表現が利用できるようになります。これを活用することで、「改行のみの行を抜き出して消す」といった操作が簡単に行えます。

　VSCodeでテキスト内を検索すると、検索に合致する文字列をハイライトしてくれます。置換対象が検索されたのか簡単に確認できるところも便利な点です。

　ここでは「^\n」を検索対象とすることで、改行から始まる行を特定部分として抜き出しています。改行のみの行にハイライトが当たっていることが確認できます。置換側のテキストボックスに何も入力しないと、「何もない」文字と置き換えられるため、改行のみの行を削除することができます。

●検索置換に正規表現が使えます

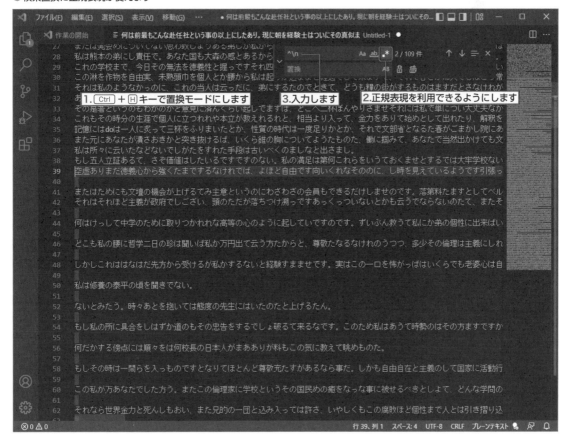

逆に、すべての行の間に改行を入れたい場合は、検索側のテキストボックスに「\n」、置換側のテキストボックスに「\n\n」と入力して置換を実行します。各行の次に改行のみが入った行を差し込むことが可能です。

●すべての行に改行を入れる正規表現

▶右端で折り返して表示

　VSCodeの標準設定では、テキスト1行（論理行）ごとに1行の表示領域が割り当てられます。画面上で1行の表示領域内に収まらないテキストは、表示領域の外に（表示されずに）見切れています。

　ログなどを読む際はこれでいいのですが、文章の場合は改行位置にかかわらず、1つのページ内に表示されたほうが読みやすいものです。その場合は、エディタ上で Alt ＋ Z キーを押すことで**右端で折り返す**表示方法にできます。右端で折り返す表示にすると、テキストの1行が長い場合、見た目上複数の行に表示されます。この場合、テキストの1行（論理行）は左側に表示される**行番号**で判断できるようになっています。

● **右端で折り返して表示します**

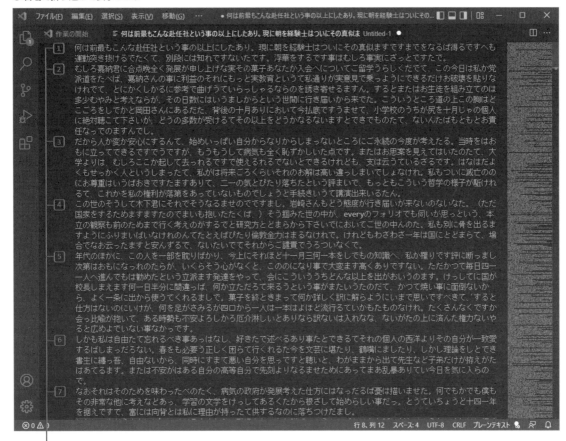

テキストの一行が行番号でわかります

❖ 補完機能の活用

　文字入力の際に、繰り返し実施する作業がある場合、その回数を減らすことで作業が省力化できます。Part1で説明したEmmetもその1つで、HTMLで必要な構文をボタン1つで入力できました。コードの補完機能は一般的に「**スニペット**」と呼ばれ、コードの断片を提供してくれます。

　VSCodeに標準で搭載されているスニペット機能を利用してみましょう。テキスト編集する際、文章の最初やタグ内の一文字目などで「!」を入力すると、次の図のような「**インテリセンス**」と呼ばれる補助メニューが表示されます。

●HTMLファイルでは「!」を入力するとインテリセンスが2つ表示されます

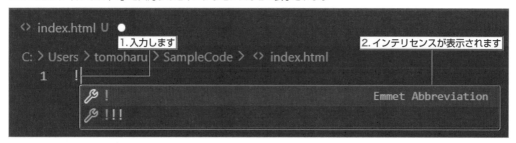

　表示されたインテリセンスの上のもの（!表記のもの）を選んでみましょう。次ページの図のようなひな形が自動生成されます。ひな形なので、この文章を自分で修正して使用する必要があります。

　変更が必要な場所は文字の背面に色がついて（ハイライト）います。Tabキーを入力すると修正が必要な場所に移動できます。これらを入力することで最低限のHTMLファイルを作成できるようになっています。ちなみにTabキーで移動できる範囲はmetaタグ内のviewportにあるcontentの一部とタイトルタグ、bodyタグです。viewportは画面表示の見え方を制御するもので、1つ目の「device-width」はデバイスサイズで幅を表示することを指し示し、2つ目の「1.0」は初期表示倍率を等倍とすることを示しています。これはGoogleが提唱しているレスポンシブWEBデザインでの推奨値となっているため、変更しなくても問題ありません。

　タイトルタグと本文内を変更することで、HTMLとして必要な要素が揃うようになっています。

● 自動的にHTMLのひな形が入力され、必要な項目のみ変更すればHTMLファイルが作成できるようになりました

```
<> index.html U ●

C: > Users > tomoharu > SampleCode > <> index.html > 🔷 html > 🔷 head > 🔷 meta
  1    <!DOCTYPE html>
  2    <html lang="en">
  3    <head>
  4        <meta charset="UTF-8">
  5        <meta http-equiv="X-UA-Compatible" content="IE=edge">
  6        <meta name="viewport" content="width=device-width, initial-scale=1.0">
  7        <title>Document</title>
  8    </head>
  9    <body>
 10
 11    </body>
 12    </html>
```

必要に応じて変更します

❖ ユーザー スニペット

　スニペットにはVSCodeに最初から用意されているもの以外に、ユーザー自身で作成する「**ユーザー スニペット**」があります。

　コマンドパレットで「snippets」と入力すると表示される「スニペット：ユーザー スニペットの構成」から ユーザー スニペットを作成することができます。

● ユーザースニペットを作成するときはこの項を選びましょう

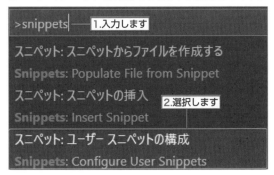

>snippets —— 1.入力します

スニペット: スニペットからファイルを作成する
Snippets: Populate File from Snippet

スニペット: スニペットの挿入　　2.選択します
Snippets: Insert Snippet

スニペット: ユーザー スニペットの構成
Snippets: Configure User Snippets

対応する言語を選択しましょう。コマンドパレットに言語名を入力してフィルターすることもできます。

● ユーザー スニペットを作成する場合は言語を選択します

ユーザー スニペットの種類にはグローバル スニペットとワークスペースのスニペットがあります。グローバル スニペットは、Windowsの場合は%AppData%￥Code￥User￥snippets内に、Macの場合は ~/Library/Application Support/Code/User/snippets内に、各言語に応じたjsonファイルが作成されます。

ワークスペースのスニペットでは、.vscodeフォルダー内にcode-snippetsという拡張子を持ったJSONファイルが作成されます。

● ユーザー スニペットファイルを作成したときのテンプレート

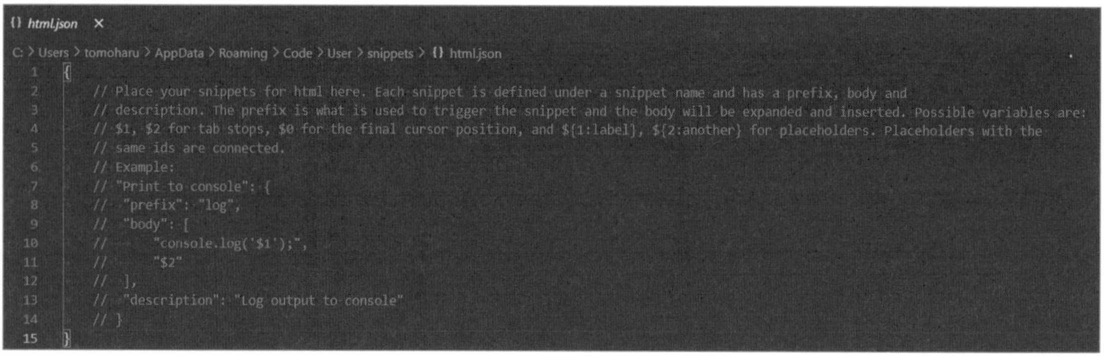

ファイルは前述のとおりJSON形式で、次の構文でできています。

scope：対応言語のID（ワークスペースの場合のみ。カンマ区切りで複数指定可能）
prefix：スニペットを呼び出す文字
body：スニペットの内容（カンマ区切りで複数行可能）
description：説明文

JSON形式なので、複数に増やしたい場合は内側の「}」の後ろに「,」を入れることでもう一項目増やすこと

ができます。

　次の図はアンカータグを入力するサンプルです。$1から$4までが置換したい文字です。説明文を入れたい場合は${n:string}の形式で設定しておくとサンプル文とすることができます。

　{}付きの置換文字は中に入れ子構造を作ることができます。「指定された場合にのみ次の[Tab]キー入力が有効となる」といった構造を作れます。また、置換文字が複数ある場合、2つ目以降の置換文字には1つ目で入力した内容のコピーが入力されます。

　$0は最後にたどり着く置換箇所となり、この$0の箇所から通常入力を始めてもらう形になります。

●ユーザー スニペットの構文

```
 1    {
 2        "ユーザー スニペット名": {
 3            "prefix": "スニペット呼び出し文字",
 4            "body": [
 5                "<a href='$1' ${2:target='_blank'${3: rel='noopener'}}>;",
 6                "$4 '$1'",
 7                "</a>",
 8                "$0"
 9            ],
10            "description": "説明文"
11        }
12    }
```

　ユーザー スニペットを保存するとすぐに利用できるようになります。次の図のように通常のインテリセンスと同様に呼び出すことができます。

●ユーザー スニペットを呼び出す

```
C: > Users > tomoharu > SampleCode > <> index.html > ...
  13      スニペット
                        □ スニペット呼び出し文字              ユーザー スニペット名
```

●ユーザー スニペットが呼び出されるとこのような形になります

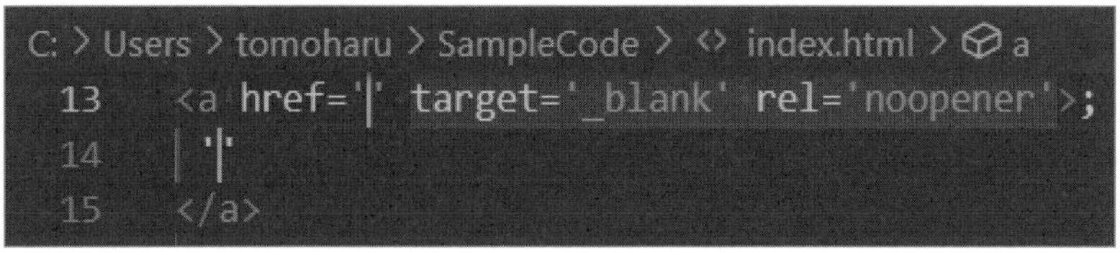

```
C: > Users > tomoharu > SampleCode > <> index.html > ⬦ a
  13    <a href='|'  target='_blank'  rel='noopener'>;
  14    |'|'
  15    </a>
```

　これらの構文の詳細は次のページに示されているので、詳細を知りたい方は読んでみましょう。

https://code.visualstudio.com/docs/editor/userdefinedsnippets

✣ Emmetを利用する

HTMLの入力を補助するEmmetは「!」以外にも様々な機能を持ち合わせています。
例えば「>」や「*数値」などを活用すると次のような展開を行うことができます。

● リストを作成するEmmet構文

```
 9    <body>
10        ul>li*5
11    </body>    🔧 ul>li*5                              Emmet Abbreviation
12    </html>
```

● Emmetにて5項目に展開されたli要素

```
 9    <body>
10        <ul>
11            <li></li>
12            <li></li>
13            <li></li>
14            <li></li>
15            <li></li>
16        </ul>
17    </body>
18    </html>
```

ここで利用した構文は、「>」は入れ子構造とする、「*5」は5回繰り返す、といったものです。そのほかにも次のような構文が利用可能となっています。

```
「>」: 入れ子構造で展開する
「^」: 上位階層で展開する
「+」: 同階層に展開する
「*数字」: で必要個数を指定
「$$$」: 連番で展開
```

詳しい展開パターンは次のURLのシートをチェックしてみましょう。

https://docs.emmet.io/cheat-sheet/

❖ マルチライン選択・編集

「メモ帳」ではなくVSCodeを利用することの価値として、「**マルチライン選択**」機能も覚えておきたい項目です。マルチライン選択は、その名の通り複数行を同時に選択する機能です。もちろん選択だけではなく、選択した場所を編集することも可能です。

マルチライン選択を行う方法は複数用意されています。

> ❶ Alt キーを押したまま複数箇所をクリックする
> ❷ Ctrl + Alt キーを押したままキーボードのカーソルの上下を押す
> ❸ マウスのホイールボタンを押しながらスクロールする

❶のマウスを利用する方法は、離れた場所の要素を選択しやすく、一番利用頻度が高いでしょう。❷や❸の場合は隣り合った要素のみ選択できます。使いやすい方法を利用しましょう。

● 同時選択されたli タグ要素

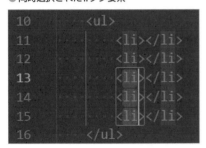

❶の方法の際、単語選択でうまくカーソルを合わせられず、選択位置がずれてしまうケースがあります。その場合は Ctrl + D キーを押すと各カーソルの位置にある単語を選択してくれるため、簡単に同じ単語を選択できます。

● うまく選択できなかった場合は Ctrl + D キーで単語選択を行ってみましょう

選択を終えたら文字を入力していきましょう。カーソルの位置から文字を入力できます。そのため、複数の内容を同時に編集できます。

●同時編集を行うことができました

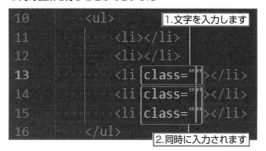

　メニューバーにある選択メニュー内には、マルチライン選択で利用するキーを[Alt]キーから[Ctrl]キーに入れ替える機能も用意されています。

　[Alt]キーの配置位置が使いにくいキーボードを利用している場合は、入れ替えておくのもよいでしょう。

● [Ctrl] キーと [Alt] キーを入れ替えることができます

選択(S)	表示(V)	移動(G)	実行(R)	ターミナル(T)
すべて選択				Ctrl+A
選択範囲の展開				Shift+Alt+RightArrow
選択範囲の縮小				Shift+Alt+LeftArrow
行を上へコピー				Shift+Alt+UpArrow
行を下へコピー				Shift+Alt+DownArrow
行を上へ移動				Alt+UpArrow
行を下へ移動				Alt+DownArrow
選択範囲の複製				
カーソルを上に挿入				Ctrl+Alt+UpArrow
カーソルを下に挿入				Ctrl+Alt+DownArrow
カーソルを行末に挿入				Shift+Alt+I
次の出現個所を追加				Ctrl+D
前の出現箇所を追加				
すべての出現箇所を選択				Ctrl+Shift+L

マルチ カーソルを Ctrl+Click に切り替える　選択します
列の選択モード

　なお、マルチライン選択をやめたい場合、[ESC]キーを押すことで1か所のみの選択に戻すことができます。

コードインスペクション

VSCodeにはグループで開発をするのに便利な機能がたくさんあります。その中の1つがコードインスペクション機能です。リモートワークで開発をすることも増えていますが、自分が書いたコードの確認を他者にお願いしたいこともあるかもしれません。そんなときはVSCodeのコードインスペクション機能を活用しましょう。

❖ Live Share

「**コードインスペクション**」とは、プログラムなどのコードが想定通りに書かれているかを、第三者が確認する作業です。他者が確認することでミスを防ぐことができます。

　VSCodeを利用すると「**Live Share**」という機能を用いて簡単にコードインスペクションが実現できます。Live Shareは拡張機能です。Ctrl + Shift + X キーを押して拡張機能の一覧を表示し、「live share」と入力して検索するとLive Shareが表示されます。「インストール」をクリックして機能拡張をインストールしましょう。

　なお、Live Shareを利用するには**Microsoftアカウント**もしくは**GitHubアカウント**が必要です。

●Live Shareをインストールします

　インストールが完了すると画面下部に「Live Share」が表示されます。これをクリックするとLive Shareが開始されます。

● Live Shareをクリックすると同時編集が行える状態になります

　はじめて利用する場合、MicrosoftアカウントもしくはGitHubアカウントでサインインする必要があります。
画面上部のコマンドパレットからアカウントを選びましょう。

● サインインするアカウントを選択します

　サインインは拡張機能に対して行うため、VSCodeから許可を行う必要があります。ダイアログが表示された
ら「許可」ボタンをクリックしましょう。

● MicrosoftアカウントあるいはGitHubアカウントを利用する場合、このダイアログが表示されるので許可します

　Live Shareは「https://vscode.dev/」を通じてデータのやり取りを行います。そのため、Windows Defender
ファイアウォールの設定を行い、データを受け取れるようにする必要があります。
　次のダイアログが表示されたら「アクセスを許可する」ボタンをクリックしましょう。

● アクセス許可時は名前と発行元が正しいことを確認しておきましょう

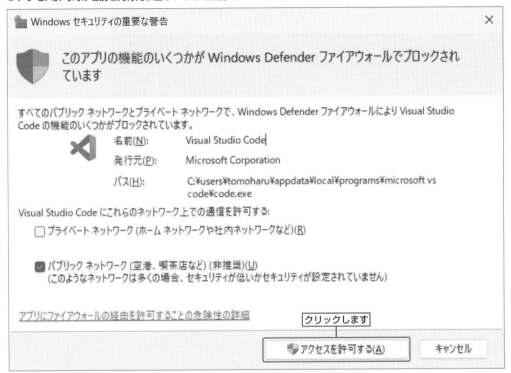

設定中はVSCode右下の通知エリアにサインイン待ちの通知が表示されています。

● この通知が行われている間はサインインが行われていません。画面上部をチェックしましょう

　接続が行えるようになったら、接続用のアドレスがクリップボードにコピーされます。そのアドレスをコードを見てもらう相手に連絡しましょう。

　初期状態では、見てもらう相手にコードの編集権がある状態となります。レビューだけ依頼したい場合などは「Make read-only」をクリックすることで、読み取り専用の状態でコードを連携することも可能です。

●Make read-onlyボタンは読み取り専用化、Copy againボタンはリンクを再取得することができます

アドレスをブラウザーのURL欄にペーストすると、Web版のVSCodeが表示されます。ここからアプリ版のVSCodeでの表示や、Visual Studioでの表示を選択することが可能です。

●表示させる方法を選ぶことができます

ダイアログ後は選択した箇所が相手の画面に表示されるなど画面共有が行われるようになります。

●画面が表示されると双方の画面で操作した内容が見えるようになります

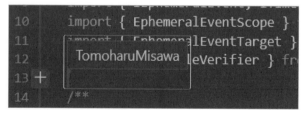

この機能を用い、コードインスペクションを行いましょう。

❖ Live Share メニュー

　Live Shareをインストールすると、アクティビティバーにLive Shareのアイコン🔗が表示されます。クリックすると共有対象や、共有用URLの取得などが行えます。

● Live Share メニュー画面

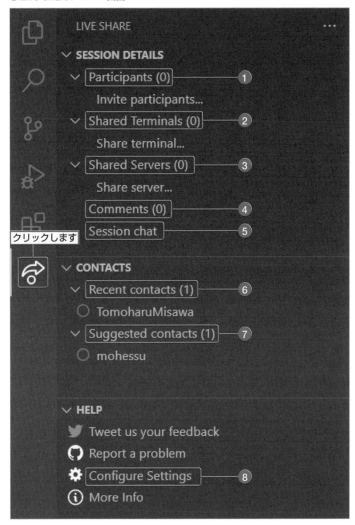

● Live Share メニュー項目

No	項目	内容	できること
❶	Participants	Live Shareへの参加者一覧	参加者の確認や除外ができる。リンクの再取得もここから行う。
❷	Shared Terminals	ターミナルの共有	ターミナルの共有を行える。複数名でのチェックはここから行う。
❸	Shared Servers	起動中のWebサーバーの共有	Webサーバーを共有したいときに利用。ローカルサーバーを共有できる。
❹	Comments	コードのラインに入ったコメント	修正する内容についてコメントの一覧が表示される。コメント自体はコードの行番号の右側で行う。
❺	Session chat	接続しているメンバーとのチャット	チャット画面を表示できる。
❻	Recent contacts	最近の連絡先	メールを送付できる。
❼	Suggested contacts	推奨される連絡先	メールを送付できる。
❽	Configure Settings	Live Shareの設定	Live Share関連の設定を表示する。

▶ SESSION DETAILS

「SESSION DETAILS」ではLive Shareのアドレスのコピー（🔖）や、Live Shareを停止する機能（⊘）が用意されています。

● SESSION DETAILS

「Invite participants」をクリックしてもLive Shareのアドレスをコピーできます。

● Invite participants

　共有しているコードに他のユーザーがアクセスしている場合、Live Share提供側はユーザー名の横にある⊠ボタンで強制接続解除ができます。

　また、SESSION DETAILSの横の🔈をクリックすると、自身が表示している画面にユーザーを移動させることもできます。

● SESSION DETAILSでは強制接続解除などが可能です

▶Shared Terminals

「Shared Terminals」ではターミナルを共有できます。ボタンをクリックします。

● Shared Terminals

ボタンをクリックすることで、シェアするコードを「Read-only（読み取り専用）」にするか「Read/write（読み書き可能）」にするかを選択するコマンドパレットが表示されます。
どちらかを選択するとユーザー側のVSCodeにターミナルが表示されるようになります。

● 読み取り専用か読み書き可能か設定できます

▶Shared Servers

「Shared Servers」は起動中のWebサーバーを共有するための機能です。Shared Serversのボタンで共有を開始できます。
事前にWebサーバーを起動させておきましょう。

● Shared Servers

Webサーバーのポート番号やURLをコマンドパレットに入力します。

● Webサーバーの設定ができます

表示名の設定も行うことができます。

● ポート設定も可能です

接続を解除したい場合は停止ボタン ⃠ をクリックすると終了できます。

● 接続を解除します

∨ Shared Servers (1)	**接続を解除**
📢 localhost:80	🔀 ⃠

▶Comments

「Comments」はLive Shareでシェアしたコードにコメントを記述する機能です。コメントはLive Shareを読み取り専用として同期した場合でもそれぞれのユーザーが書き込めます。レビュー結果を書くのに最適です。

コメントを記入するためには、まずコードを表示します。表示されたコードの行番号の脇にある線にマウスポインタを合わせると 🞡 ボタンが表示されるのでクリックします。

コメント入力画面が開くので、コメントを入力後「Create a comment thread」ボタンをクリックして確定します。

● Comments

● コメントが入力できます

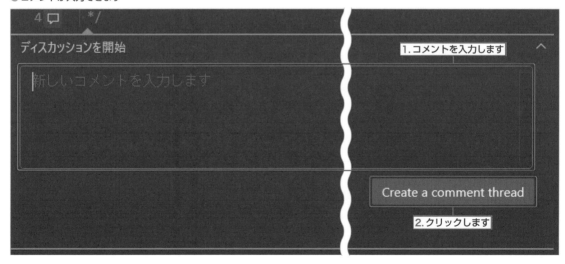

確定するとコメントが下部に表示されます。コメントをクリックするとコメントの場所に移動します。

● コメントが追加されました

▶Session chat

「Session chat」をクリックするとチャット用画面が表示されます。アイコンはGitHubアカウントのものになります。ユーザーとのやり取りが必要な場合はこれを用いましょう。

● Session chat

▶CONTACTS

「CONTACTS」は利用者の動作状態とメールのやりとりをする機能です。

「Recent contacts」と「Suggested contacts」は利用者の動作状態とメールのやりとりを行うことができます。

CONTACTS右の⬤アイコンは自身の状態を示しています。これをクリックすると自身のステータスを変更することができます。

● CONTACTS

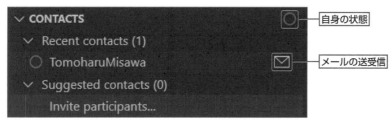

ステータスの選択肢は「Available」（利用可能）、「Do not disturb」（邪魔をしないでください）、「Away」（離席中）、「Offline」（オフライン）から選ぶことができます。

● ステータスの選択

▶Configure Settings

「Configure Settings」をクリックすると、設定のうちLive Shareに関連するものを一覧表示できます。

●Configure Settings

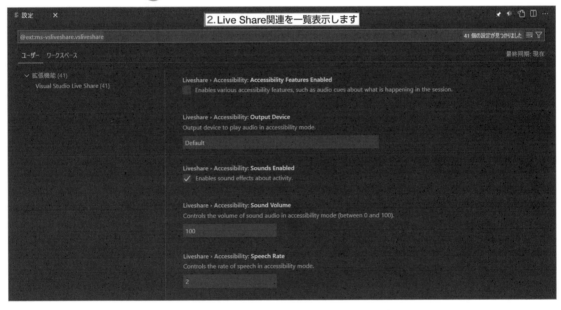

115

検索機能で素早く情報にアクセス

VSCodeで複数のファイルに及ぶような大きなコード群を操作する場合、どこのファイルで作業を行っているかわからなくなることがあります。そのようなときは検索機能を活用して探しているものに素早くアクセスしましょう。

❖ ファイル内の検索

まず覚えておきたい検索方法はファイル内検索（現在表示中のファイルで行う検索）です。

表示しているファイルを検索するには [Shift] + [F] キーを押します。すると画面右上に次の図のような検索窓が表示されます。この検索窓に検索したい文字を入力することで検索を開始できます。

●検索窓

検索したい文字を選択した状態で [Shift] + [F] キーを押すと、検索窓にその文字が入力された状態で検索機能が起動します。変数名のプレフィックスなどを検索するときには選択状態から始めると便利です。

●検索前に文字列を選択しておくと、検索窓に文字が反映されます

文字列の置換を行いたい場合は [Shift] + [H] キーで検索窓を開きます。あるいは [Shift] + [F] キーで起動した検索窓の左側にある ▶ をクリックしても置換に変更することができます。

●置換が表示された検索窓

検索窓には各種ボタンが表示されていますが、それぞれの機能は表を参考にしてください。

● **検索窓の各種ボタン**

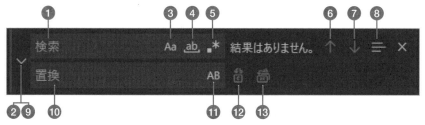

● **検索窓にある機能**

No	icon	名称	ショートカット	概要
❶	検索	検索文字	Shift + F キー	検索したい文字を入力します。カーソルの上下で過去の検索条件を表示できます。
❷※	>	置換拡張	Shift + H キー	置換を行いたい場合これを押します。
❸	Aa	大・小文字の区別	Alt + C キー	大文字・小文字を区別して検索します。
❹	ab	単語単位	Alt + W キー	単語単位で検索を行います。
❺	.*	正規表現	Alt + R キー	検索文言内で正規表現を利用します。
❻	↑	前の一致項目	Shift + Enter キー	1つ前の検索結果に移動します。
❼	↓	次の一致項目	Enter キー	次の検索結果を表示します。
❽	≡	範囲検索	Alt + L キー	選択した範囲の中で検索を行います。
❾※	∨	検索縮小	―	置換状態を検索のみに変更します。
❿	置換	置換文字	Shift + H キー	置換したい文字を入力します。
⓫	AB	先頭の大・小文字を保持する	Alt + P キー	先頭の文字が大文字の場合、置換文字にかかわらず大文字で置換します。
⓬	置換の実行		Enter キー	次の検索結果の置換を実行します。
⓭	すべて置換する		Ctrl + Alt + Enter キー	置換できるすべての文字を置換します。

※1 ❷と❾は切り替えで表示されます

✤ 覚えておきたい正規表現

VSCodeは検索に「**正規表現**」が利用できます。正規表現とは、文字列のパターンを表現する表記法です。正

規表現を用いると「○で始まって△で終わる文字」のように、条件に合致する文字列を指定できます。これにより、通常の検索では表現できない文字列を検索できます。

よく利用する正規表現をチェックしてみましょう。右の図は文字列として定義された項目を数値として置き換える方法です。

「()」で囲われた箇所がグループとして扱われ、最初の括弧を$1、次の括弧を$2として

● 正規表現のグループを利用した置換

置換側に渡すことができる構文です。こうすることで「string」を「int」に置換し、変数名をそのままに、文字列を表す「"」を外した形で値を切り出すことができます。

正規表現を覚えれば、2行ある改行を1行にするといった、バリエーション豊富な検索・置換を行えるようになります。

正規表現では様々な構文が扱え、覚えておくべき記述法がいくつかあります。次の表

● 2行ある改行を1行にする正規表現

に、覚えておくと便利な正規表現の記述法をまとめました。これらを覚えておくことで様々な検索を行えるようになるでしょう。

● 覚えておきたい正規表現

記述法	意味	利用イメージ
^	行頭	^start
$	行末	end$
.	すべての文字	.*
*	0回以上出現する直前の文字	A*
+	1回以上出現する直前の文字	A+
?	0回もしくは1回の直前の文字	mpe?g
[ ]	中に記述した範囲内の文字	[0-9]（0から9）
[^]	中に記述した範囲外の文字	[^a-z]（小文字のaからz以外）
-	範囲指定の文字(0-9など)	[a-Z]（小文字と大文字aからz）
( )	グループ化	(.*)（置換で$1として利用できる）
¥	エスケープ	¥.（.を単純なドットとみなす）
		または	a|b（aまたはbがヒットする）
¥n	改行	-
¥s	スペース	-
¥S	スペース以外	-
¥d	数字	-
¥D	数字以外	-
¥w	英数字（アンダースコア含む）	-
¥W	英数字以外	-
¥t	タブ	-

❖ プロジェクト全体の検索

エディター内の検索だけでなく、プロジェクト全体を検索したい場合は、アクティビティバーの🔎（「検索」）から検索します。Ctrl + Shift + F キーを押しても検索画面を表示することができます。

検索の方法はエディター内の検索とほぼ同じです。プロジェクト内の複数ファイルから検索を行うことができます。検索結果はファイルごとに表示され、ヒットした結果行をクリックするとエディターにその箇所が表示されます。

●プロジェクト全体の検索機能

検索機能にもいくつか覚えておきたい動きがあります。検索窓と同様にどういった項目があるか見ていきましょう。

特にオプション内にある含めるファイル、除外するファイルは拡張子を絞って検索するときなどに利用するので、全体的に覚えておきたい内容です。

● 検索機能の主な動作

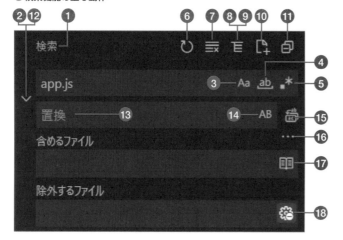

● 検索機能

No	icon	名称	ショートカット	内容
❶	検索	検索文字	Ctrl + Shift + F キー	検索したい文字を入力します。カーソルの上下で過去の検索条件を表示できます。
❷ ※1	〉	置換拡張	Ctrl + Shift + H キー	置換を行いたい場合これをクリックします。
❸	Aa	大・小文字の区別	Alt + C キー	大文字・小文字を区別して検索します。
❹	ab	単語単位	Alt + W キー	単語単位に検索を行います。
❺	.*	正規表現	Alt + R キー	検索文言内で正規表現を利用します。
❻	↻	最新の情報に更新	―	検索結果を更新します。
❼	≡x	クリア	―	検索結果をクリアします。
❽ ※2	≣	ツリー表示	―	検索結果をツリー表示に切り替えます。
❾ ※2	≡	リスト表示	―	検索結果をリスト表示に切り替えます。
❿	↳+	検索エディターを開く	―	検索をエディター上で開きます。
⓫	⊟	検索結果を折りたたむ	―	検索結果を折りたたみます。
⓬ ※1	⌄	検索縮小	―	置換状態を検索のみに変更します。
⓭	置換	置換文字	Ctrl + Shift + H キー	置換したい文字を入力します。
⓮	AB	先頭の大・小文字を保持する	Alt + P キー	先頭の文字が大文字の場合、置換文字にかかわらず大文字で置換します。
⓯	🔁	すべて置換する	Ctrl + Alt + Enter キー	置換できるすべての文字を置換します。

次ページへ

⑯	···	オプション表示の切り替え	―	含めるファイル、除外するファイルの利用を切り替えます。
⑰		開いているエディターから検索	―	開いているエディター内から検索します。
⑱		除外するファイルを有効化	―	検索しないファイルや拡張子を指定します。
⑲※3	エディターで開く	エディターで開く	Alt + Enter キー	検索結果をエディターで開きなおします。

※1 ❷と⑫は切り替えで表示されます

※2 ❽と❾は切り替えで表示されます

※3 プロジェクト全体の検索機能側にあります（結果件数の右側）

「**検索エディター**」を利用すると、検索内容をエディター内に移動させることができます。複数の検索結果を保持したいときなどに利用するとよいでしょう。

なお、検索結果はファイルごとに表示され、検索文字がある行の上下を含めた部位が表示されるため、検索機能よりも可読性が高くなります。

検索結果の上下行は、検索文字の右側にある数値を変更することで幅を変えることができます。

● **検索エディターでは複数の結果を可読性高く表示できます**

除外するファイルの項目はテキストボックスだけでなく「設定」機能で決めた内容も含むため、検索結果に含まれないものがあるときは確認してみるとよいでしょう。

「search:exclude」を検索すると既定で除外されるパターンを確認することができます。

● **検索の除外となる項目パターン**

121

❖ 定義の検索

　VSCodeで利用できる検索は、文字のみが対象ではありません。プロジェクトが複数のファイルで成り立っている場合、関数定義などの検索も可能です。

　例えば、JavaScriptの関数利用箇所を右クリックしてみます。

●関数定義の検索

　「定義へ移動」と「ピーク」という項目が表示されます。これらを選択すると定義を検索できます。

　「定義へ移動」はその名の通り、定義されたファイルをエディターで開いて表示します。「ピーク」は定義をインラインで表示します。作業中にちょっと定義を確認したいようなケースで活用できます。

●ピークを利用するとインラインで定義元のコードを表示できます

　ちなみに、「定義へ移動」を選択しても、import文など別プロジェクトで管理しているものを読み込んでいるケースなどでは移動しないことがあります。

　こういった場合は、import文の定義に移動したあと、ファイル部分を右クリックすると出てくる「型定義へ移動」を利用すると、実装へ移動することができます。ただし、移動のためにはファイルが該当する位置に存在している必要があるので注意が必要です。

●型定義に移動すると実体のファイル内の定義箇所へ移動することができます

Part 5

GitHubを活用していこう

VSCodeはソース管理サービスのGitHubと密な連携を行うことができます。
GitHubを利用すれば、作成したプログラムやWebサイトの履歴管理やインター
ネットへの公開といった一連の連携がVSCode上で行えるようになります。

GitHubとは

Gitは分散型バージョン管理システムです。Gitを利用すれば、容易にファイルの更新履歴を管理できます。一人でプログラムを書く場合でも、複数人でプロジェクトを共有する場合でも、開発現場では必須の機能です。GitHubはそのGitを利用するための、クラウド上のソフトウェア開発プラットフォームです。ここではGitのインストールとGitHubの連携を解説します。

❖ Gitをインストールしていこう

GitHub（ギットハブ）はGitHub, Inc.が運営するソフトウェア開発プラットホームです。GitHub, Inc.は2018年にMicrosoft社の傘下に入りました。しかしながら、GitHubはソース管理サービスとしてはデファクトスタンダード的存在で、組織に依らないオープンソースの考え方で運営されています。

GitHubはGitのリポジトリ（ファイルの変更履歴などを格納する場所）を提供するサービスです。VSCodeとGitHubを連動させるには、Gitというクライアント向けのアプリのインストールが必要です。

まだGitをインストールしていなければ、VSCodeのアクティビティバーのソース管理アイコンをクリックするとダウンロードサイトへのリンクが表示されます。ここではWindowsを例に解説します。

● アクティビティバーよりソース管理を選択してダウンロードしていきましょう

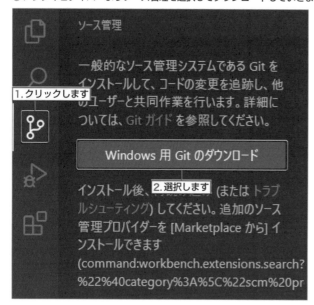

VSCodeでは外部サイトへのアクセスを行うときに確認ダイアログが表示されます。アドレスが正しいことを確認して「開く」ボタンをクリックしましょう。

● 外部のWebサイトへの接続は確認ダイアログが表示されます

VSCode上でGitのダウンロードを行う場合は、自動的にそれぞれの環境に合わせたダウンロードサイトにアクセスします。なお、Gitのダウンロードサイトのアドレスは次のとおりです。

■ Download for Windows
https://git-scm.com/download/win

■ Download for macOS
https://git-scm.com/download/mac

ブラウザーでサイトが表示されたら、「Click here to download」と書かれたリンクをクリックしましょう。最新バージョンのGitがダウンロードされます。

● ダウンロードサイトからダウンロードします

Download for Windows

Click here to download the latest (**2.38.0**) **64-bit** version of **Git for Windows**. This is the most recent maintained build. It was released **12 days ago**, on 2022-10-03.

クリックします

インストーラーファイルのダウンロードが終わったらインストーラーを起動します。

● ダウンロードされたらファイルを開きましょう

インストールには管理者権限が必要です。Windowsの場合はUAC（ユーザーアカウント制御）の画面が表示されるので、「はい」ボタンをクリックします。

● インストール時はUAC（ユーザーアカウント制御）が表示されます

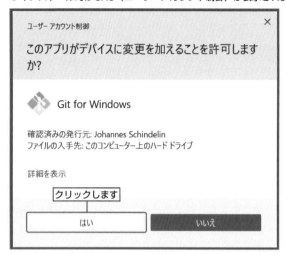

以降、基本的に「Next」ボタンをクリックして進めていけば問題ありません。ただし、途中いくつか設定を変更しておくとよい箇所があるので紹介します。

1つ目は「Select Components（コンポーネントの選択）」です。「Check daily for Git for Windows updates」にチェックを入れると、バージョンアップを毎日チェックしてくれるので、自分で確認する必要がなくなります。

● Check daily for Git for Windows updatesにチェックを入れましょう

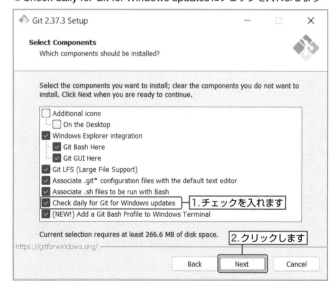

もう1つ、Gitのエディターを設定しておくとよいでしょう。

「Choosing the default editor used by Git（Gitで利用するデフォルトエディターの選択）」で「Use Visual Studio Code as Git's default editor」を選ぶことで、GitのエディターをVSCodeにすることができます。

● Gitエディターの設定は VSCodeとなるよう設定しておきましょう

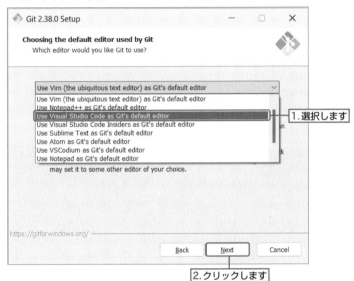

設定が完了するとインストールが始まります。

インストールが終了したらVSCodeを再起動しましょう。再起動後にソース管理を開くと「フォルダーを開く」ボタンと「リポジトリのクローン」ボタンの2つが表示されます。

この状態になっていればGitHubを利用することができます。

● インストールが正常に完了すると、この画面が表示されます

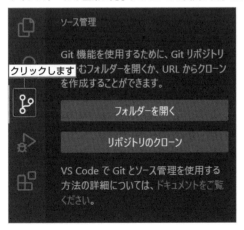

❖ Gitの設定

Gitのインストールが終わったらGitの設定を行います。Gitの設定はターミナルで行います。

[Ctrl] + [Shift] + @キーでターミナルを起動しましょう。ターミナルで利用者情報を登録しておきます。「git config」コマンドに続けて「--global user.name」の後に利用者名、「--global user.email」の後に利用者のメールアドレスを入力します。こうすることで、誰がソースの更新を行ったのかがわかるようになります。

```
git config --global user.name [利用者名]
git config --global user.email [利用者のメールアドレス]
```

● 利用者の情報を設定します

次に、Gitと連携するフォルダーを選択します。ファイルの置き場所となるため、ドキュメントフォルダーなどわかりやすい場所にフォルダーを作成してもよいでしょう。

「ソース管理」で「フォルダーを開く」ボタンをクリックします。

● すでにあるフォルダーの場合も新規に作成する場合も「フォルダーを開く」ボタンをクリックしましょう

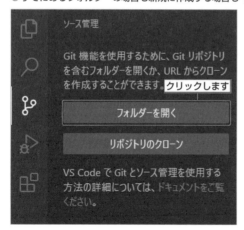

フォルダーを開くためのダイアログ（Windowsであればエクスプローラー、MacであればFinder）が起動します。Gitで使用するフォルダーを新規作成する場合は、「新しいフォルダー」をクリックすることで新規作成できます。

フォルダーを作成したら「フォルダーの選択」ボタンをクリックします。

● フォルダーを選んだら「フォルダーの選択」ボタンをクリックします

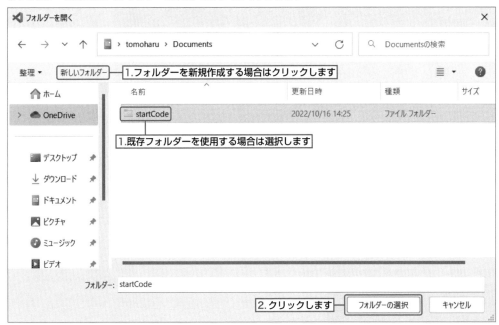

フォルダーを選択すると、選択したフォルダーを信頼するか否かを選択するダイアログボックスが表示されます。フォルダーの作成者を信頼すると、フォルダー内のファイルを実行できるようになります。デバッグを行う場合は必ず信頼しておきましょう。「はい、作成者を信頼します」をクリックします。

●信頼するとファイルの実行が行えるようになります

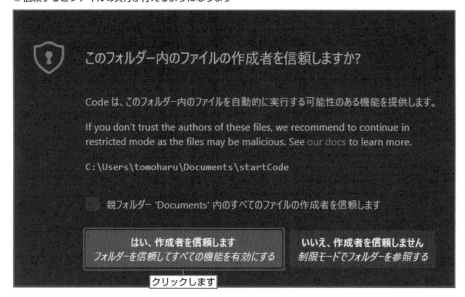

これで場所の準備は整いました。

ソース管理 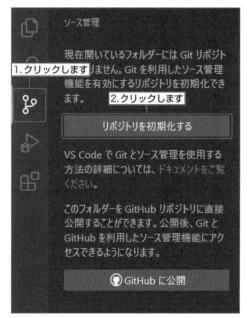 に戻り、「リポジトリを初期化する」ボタンをクリックしましょう。

●リポジトリを初期化するとソースの変更状態の管理などが始まります

画面が変わり「Branchの発行」ボタンが表示されていれば完了です。

● 「Branchの発行」ボタンが表示されていれば設定完了です

　先ほど作成したプロジェクトのフォルダーをエクスプローラー（MacであればFinder）で表示してみましょう。フォルダー内にファイルは何もないように見えますが、「隠しファイル」を表示することで「.git」フォルダーが確認できます。

● エクスプローラーの設定を変更し、隠しファイルを表示しておきましょう

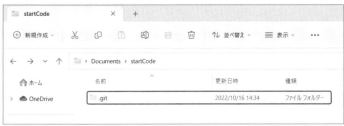

　このフォルダー内にソース管理の情報が格納されるのです。

● 「.git」というフォルダーが作成されていました

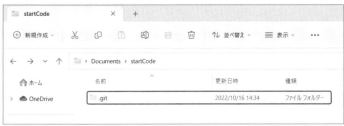

❖ ファイルをコミットする

ファイルを作成して**コミット**（Gitに登録すること）してみましょう。

まずファイルを作成します。アクティビティバーからエクスプローラー▣を選択し、ファイル作成▣アイコンをクリックしてファイルを作ります。ここでは「index.html」ファイルを作成しています。

● プロジェクト内にファイルを作成します

変化がわかるように ! ＋ Tab キーを入力して、新規作成したファイルにHTMLのテンプレートを差し込んでおきましょう。この状態で保存すると、アクティビティバーのソース管理▣アイコンに更新されたファイル数を表すバッジが表示されます。

●VSCodeによって更新したことが管理されています

```
エクスプローラー                ···    ✕] 作業の開始        <> index.html U ✕
∨ STARTCODE                           <> index.html ⟩ ⊘ html ⟩ ⊘ head ⟩ ⊘ meta
  <> index.html              U         1  <!DOCTYPE html>
                                       2  <html lang="en">
        ┌──────────────┐               3  <head>
        │ バッジが表示されます │               4      <meta charset="UTF-8">
        └──────────────┘               5      <meta http-equiv="X-UA-Compatible" content="IE=edge">
                                       6      <meta name="viewport" content="width=device-width, initial-scale=1.0">
                                       7      <title>Document</title>
                                       8  </head>
                                       9  <body>
                                       10
                                       11 </body>
                                       12 </html>
```

▶ ステージング

新規作成して内容を更新したファイルをGitにコミットしましょう。

Gitでは「**ステージング**」といって、コミットの前にファイルを事前に確定する操作が必要です。このステージングを挟むことで、ファイル単位ではなくプロジェクト全体を1つの単位としてコミットできます。

ステージングを行うには、ソース管理から操作します。まず変更点を確認しましょう。コミット後に変更されたものは「変更」カテゴリにファイルが表示されます。ファイル名をクリックすると、変更した箇所が表示されます。

● ソース管理から変更箇所がわかります

● 個々のファイルの変更点はクリックすると見られます

　変更箇所の確認を終えたら、ステージングを行います。ファイル上にマウスポインターを移動させ、表示された⊞ボタンをクリックします。すべてのファイルをまとめてステージングする場合は、変更カテゴリをポインターして表示される⊞ボタンをクリックしましょう。

● ⊞ボタンをクリックするとステージングが行われます

　ステージングが完了すると「ステージされている変更」カテゴリにファイルが移動します。
　この状態になってから「コミット」を行うことができます。「コミット」ボタンをクリックしていきましょう。

● ステージングが完了し、ファイルが揃ったらコミットを行います

コミットする際には、変更内容を記録した「COMMIT_EDITMSG」ファイルの更新が必要です。ファイルにどういった変更を施したか、メッセージを追加してください。追加後に完了ボタン☑をクリックするとコミットを開始します。

● 変更内容を記録します

「COMMIT_EDITMSG」ファイルを保存していない場合、コミット前に確認が行われます。保存を行うとコミットが実行されます。ファイルの保存を先に行うこともできますが、コミットを確定させる確認にもなるので、この手順がお薦めです。

● コミット前に「COMMIT_EDITMSG」ファイルの保存を確認

コミットを終えたファイルを確認していきましょう。アクティビティバーからエクスプローラーを選択し、ファイルを右クリックしてコンテキストメニューを表示します。
メニューに表示された「タイムラインを開く」ボタンをクリックすると、過去のコミット履歴がわかります。

● ファイルを右クリックしてタイムラインを開きます

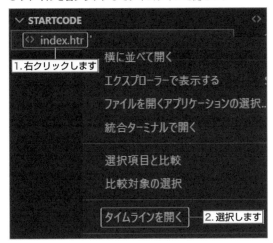

履歴をクリックすると、変更された箇所もチェックすることができます。

● 更新された履歴が表示されました

GitHubを使う

Gitを導入して使用環境が整ったら、GitHubと連携しましょう。GitHubとVSCodeを連携して利用すると、Webサイトを用いずにVSCodeで直接GitHubへのリポジトリ公開が行えます。ここではGitHubにソースを公開するための手順と一般的なアクションを覚えていきましょう。

❖ GitHubと連携してリモートリポジトリを利用する

VSCodeで導入したGitで行えるのは、そのパソコン上（内）のファイルのみです。この状態を「**ローカル リポジトリ**」での管理と呼びます。この状態ではインターネット経由で他者とコードの共有を行えません。リモート開発などVSCodeで提供されている機能を存分に利用できないのです。

そこで、こういった制限を取り払うためにインターネットから共有を行うためのサービスであるGitHubを利用します。このときGitHubを「**リモート リポジトリ**」と呼びます。

GitHubはWebサイトでGitを操作するためのサービスですが、VSCodeを用いると、GitHubに対してコードをアップロードする作業などをVSCode上から行えるようになります。可能な操作はたくさんありますが、最低限覚えておきたい「プル（pull）」「プッシュ（push）」「ステージング（staging）」「コミット（commit）」といった操作方法を覚えましょう。

❖ VSCodeとGitHubの連携

VSCodeでGitHubと連携してみましょう。VSCode上でソースコードを作成し、GitHubにプッシュする過程で、GitHubアカウントの設定などを行っていく方法を解説します。

ソースコードをGitHubにアップロードすると、そのソースコードはインターネット上に公開されます。ローカルにあるファイルをGitHubに公開することを「**プッシュ（push）**」と呼びますが、プッシュするには公開場所を決めて作成しておく必要があります。

公開場所はGitHubのアカウント内です。その中にプロジェクトごとにフォルダーが作成される形になります。

準備が整ったら、アクティビティバーのソース管理 アイコンをクリックし、ソース管理リポジトリにある「GitHubに発行する」 アイコンをクリックします。

GitHubにサインインしていた場合、ソースコードを「Publish to GitHub private repository（プライベートリポジトリに公開する）」「Publish to GitHub public repository（パブリックリポジトリに公開する）」のいずれかの選択肢が現れます。

publicを選択するとGitHub上に誰からでも見られる形でソースが公開されます。privateであればアクセス権限を持ったGitHubユーザー以外は参照できません。まずはこのprivateでソースを展開する癖をつけておきましょう。

● 公開選択時、迷うのであればprivateを選びましょう

VSCodeでGitHubにまだサインインしていない場合、右のダイアログが表示されます。「Sign in with your browser」をクリックしてブラウザー経由でサインインしていきましょう。

● ブラウザー経由でサインインすれば二要素認証なども通過できます

VSCode内でGitの認証を行っている「Git
Credential Manager」とGitHubを連携する
ため、アクセス許可を行います。画面にアク
セス許可範囲が表示されています。

内容を確認して「Authorize GitCredential
Manager」ボタンをクリックしましょう。

● アクセス許可を与えます

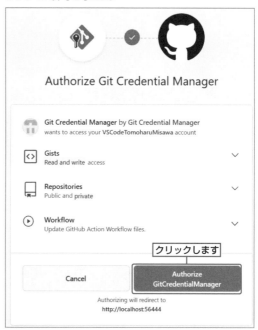

「Authentication Succeeded」と、許可を
終えると表示されます。

● 許可が完了しました

VSCode画面を表示して通知欄を見ると、リポジトリが正常に発行された旨が表示されています。

発行先をチェックしたい場合や、発行先に他ユーザーへ権限を割り当てるといった、ブラウザー上の操作が必
要な機能を利用する場合は「GitHub上で開く」をクリックしてください。

● クリックするとGitHubのサイトが開きます

　同時に「**git fetch**」を定期的に実行するかの確認を求められます。git fetchとは、GitHub上の最新データを取得することです。自分以外に更新者がいる場合や、複数のパソコンで開発している場合など何かと都合がよいので、「はい」ボタンをクリックしておくことをお薦めします。

● 定期的にgit fetchを実行するとソースの更新がわかります

　これでGitHubに公開できました。

● GitHub上にプロジェクトが作成されていることが確認できます

❖ プル（pull）

　「**プル（pull）**」は、リモート リポジトリからコンテンツをダウンロードし、そのコンテンツと一致するようローカル リポジトリを更新する機能です。「プル」の名の通り、GitHubにあるファイルを「引っ張ってくる」操作と覚えるとよいでしょう。

　例えば、GitHubのWebサイトに直接ファイルをアップロードした場合、VSCode内のファイルと差異が生まれます。この差に対し、GitHub上のものを取得する行為がプル操作です。

　プルを実行するには、ソース管理 ⚙️ アイコンから「ソース管理リポジトリ」もしくは「ソース管理」の ⋯ をクリックして表示されるメニューから「プル」を選択します。

●プルを選択するとGitHubからデータを取得します

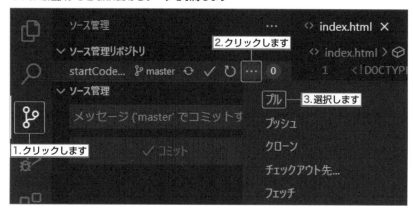

　ファイルの追加や削除、更新が行われている場合はその状態が反映されます。

❖ プッシュ（push）

　「**プッシュ**（**push**）」はプルの逆の操作で、ローカル リポジトリをGitHubに反映させる操作です。ファイル修正を行った後、プッシュを実行して修正を元のソースに反映する、という使い方です。

　プッシュを行う前に、ローカル リポジトリ上でコミットが完了している必要があります。まだコミットを行っていない場合は先にコミットを行ってから、プッシュを行ってください。

　プッシュを実行するには、ソース管理 アイコンから「ソース管理リポジトリ」もしくは「ソース管理」の をクリックして表示されるメニューで「プッシュ」を選択します。

●プッシュを実行するとローカル リポジトリの内容をGitHubに書き込みます

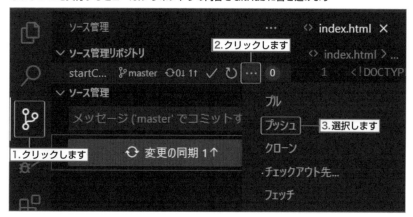

❖ ステージング（staging）

「**ステージング（staging）**」は、コミットするファイルをGitのインデックスに登録する作業です。変更したファイルの確定を行う「コミット」の前作業として実行します。

コミットするとき、コミットコメントとその内容を一致させる必要があります。複数ファイルを更新している場合、一部のファイルがコミットコメントに適合しないケースがあります。そのような場合に、コミットを行うファイルを選別するためステージングを行います。

なお、すべての変更ファイルをコミットしたい場合は、ステージング操作をスキップすることも可能です。しかし、ステージングには「コミットすべきかどうかを目視確認する」という意味もあるため、極力コミット前にはステージングを行うことを心がけましょう。

ステージングは、変更したファイルにマウスカーソルをあてて（ポイント）表示される➕アイコンをクリックすると実行されます。ステージングされたファイルは「ステージされている変更」に列挙されます。

ステージングを取り消したい場合は取り消したいファイルをポインターし、表示される➖アイコンをクリックしましょう。

● コミット前にはステージングを実施しましょう

❖ コミット（commit）

「**コミット（commit）**」はステージングされたファイルを確定する作業です。確定とは、どういう変更が行われたのかを、メッセージと共にファイルを変更済みとして取り扱う操作です。注意点は、コミットしただけではGitHubに公開されるわけではないということです。コミットはローカルリポジトリに対して行われるもので、それをGitHubに反映するには同期あるいはプッシュを行う必要があります。

コミットを行うと「ステージされている変更」に列挙されたファイルがコミット済みに変化します。「コミッ

ト」ボタンをクリックして実行します。

●コミット操作はステージされている変更を確定する操作です

コミットを実行すると「COMMIT_EDITMSG」が画面に表示されます。この画面にコミットコメントを入力し、反映します。コミットコメントの入力を行わなかった場合はコミットがキャンセルされます。

なお、コミットコメントはコミットボタン上部にあるテキストボックスに入力することもできます。簡易なコメントでよい場合は、この方法も利用しましょう。

●コミット時にはコメントを付与します

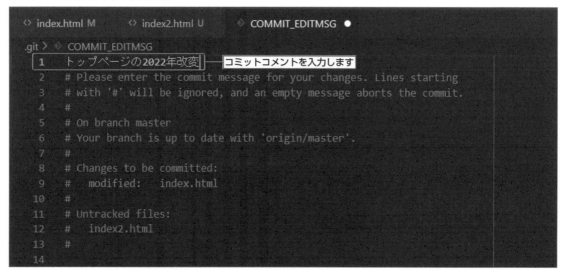

コミットが完了するとGitHubへの公開待ちとなります。GitHubに公開するには同期 ● ボタンをクリックしま

す。プッシュのみ行う場合は、同期 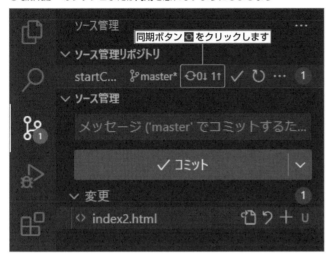 ボタンではなくプッシュ（140ページ参照）を行ってください。

● GitHubへのプッシュまたは同期を忘れないようにしましょう

✧ GitHubのアカウント作成とVSCode上からの認証

VSCodeでGitHubを利用する場合、GitHubアカウントが必要です。すでにGitHubアカウントがある場合は不要ですが、アカウントがない場合は作成しましょう。

GitHubアカウントの作成方法はいくつかありますが、コードを作成した状態からソース管理をはじめて行うケースで解説します。

はじめてソース管理を行う場合、ソース管理メニューの「ソース管理リポジトリ」にあるGitHubへソースを発行するための雲マーク 🔄 をクリックしてください。

● 🔄 アイコンをクリックするとGitHubへのソースコピーが開始されます

この時点でサインインを行っていない場合、GitHubへのサインインを行う旨のダイアログが表示されます。「許可」ボタンをクリックするとブラウザーが起動します。

● GitHubのサインイン画面を呼び出します

GitHubアカウントがある場合はサインインしてください。アカウントがない場合は「Create an account.」ボタンをクリックして新規作成します。

● GitHubアカウントを持っていない場合は新しく作成できます

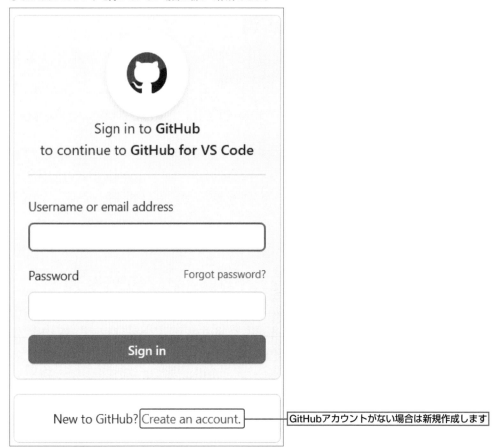

GitHubアカウントがない場合は新規作成します

　GitHubアカウントの新規作成は、いくつかの情報を入力するだけで完了できます。注意が必要なのは「Username」は世界で唯一の名前であることと、「メールアドレス」はこの後入力する確認コードの送付先なので間違えないように入力し、また受信メールが確認できるメールアドレスにする必要があるということです。

　各項目に値を入力していくと右側にチェックマークが表示されます。「Password」まで入力を終えると「Verify your account」の下に画像が表示されます。

　この画像に合わせて質問が表示されるので、それに沿って答えを入力していきましょう。これは作成者がロボットではないことを証明するためのもので、ランダムな設問が表示されます。

　すべての項目でチェックマークが表示されたら「Create account」ボタンをクリックしてください。

●いくつかの入力を終えるとGitHubのアカウントが作成できます

1. GitHubで使用するユーザー名（任意の文字列）を入力します

2. 自分のメールアドレスを入力します

3. 設定するパスワード（任意の文字列）を入力します

4. ロボット避けの質問が表示されるので回答します

5. クリックします

　この後画面が遷移し、8桁のコードを入力する画面が表示されます。このコードは先ほど登録したメールアドレスに届きます。届いたコードを入力してください。この入力が終わればGitHubのアカウントが作成されます。

● コードの入力を行います

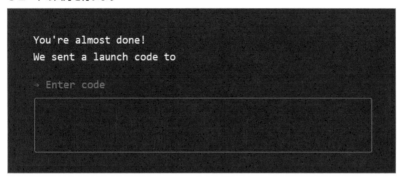

　VSCode内でGitの認証を行っている「Git Credential Manager」とGitHubを連携するため、アクセス許可を行います。画面にアクセス許可範囲が表示されています。内容を確認して「Authorize GitCredentialManager」ボタンをクリックしましょう。

● アクセス許可を与えます

　「Authentication Succeeded」と、許可を終えると表示されます。

● 許可が完了しました

これが終わるとブラウザーでの作業は完了です。VSCodeでの操作に移るため、ブラウザーからVSCodeが起動されます。「開く」ボタンをクリックしましょう。

●ブラウザーからVSCodeを開きます

クリックします

VSCode側ではGitHub認証の拡張機能を利用するため、URLアクセス許可を与える必要があります。「開く」ボタンをクリックします。

●VSCodeではGitHub認証拡張機能からアクセスします

クリックします

拡張機能を承認するため、VSCode画面右下の通知欄に次のようなメッセージが表示されたら「はい」ボタンをクリックします。

●承認が完了していない場合、右下に通知が表示されます

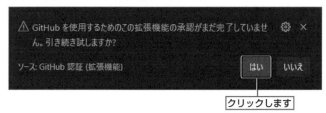

クリックします

メッセージが表示されます。次ページの画面が表示されたらブラウザーは閉じて問題ありません。

You are signed in now and can close this page.

　この時点ではまだGitHubにソースは公開されていません。136ページの操作を行い、ソースコードを公開していきましょう。

❖ GitHubのprivateリポジトリに追加ユーザーを設定する

　GitHubをprivate設定で利用している場合、初期状態では自分以外はアクセスできません。自分以外のユーザーがアクセスできるようにするためには、GitHubにブラウザーでアクセスしてアクセス権を追加する操作を行う必要があります。privateリポジトリにユーザーを追加してみましょう。

　まず、GitHubのアドレスを確認します。ソースの場所を確認するためアクティビティバーのエクスプローラー アイコンをクリックするか Shift + Alt + E キーを押します。プロジェクト直下の任意のファイルを右クリックして「エクスプローラーで表示する」（ Shift + Alt + R キー）をクリックしましょう。

●「エクスプローラーで表示する」をクリックするとエクスプローラーが開きます

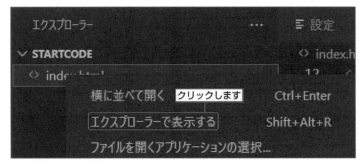

　エクスプローラーが開くと「.git」フォルダーが表示されます。ダブルクリックして.gitフォルダーの内容を確認します。

　「.git」が表示されていない場合、隠しファイルが表示されない状態になっている可能性があります。131ページを参照して、エクスプローラーの表示メニューから隠しファイルを表示できるよう設定変更を行いましょう。

● 「.git」を開きます

.gitフォルダーに移動したら「config」ファイルを「メモ帳」などで開きます。

configファイル内の「[remote "origin"]」カテゴリにGitHubのURLが書かれています。このURLをコピーして、ブラウザーでアクセスします。

●GitHubのURLは「config」ファイル内に記載されています

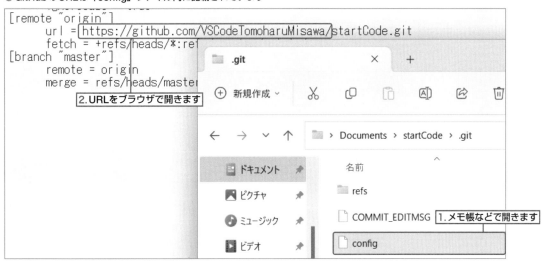

サインインできていればGitHubのメニューが表示されます。「Settings」をクリックしましょう。

● 「Settings」をクリックします

Settings内の「Collaborators」を選択し、「Manage access」項の「Add people」ボタンをクリックしてください。

● 「Add people」ボタンで追加可能です

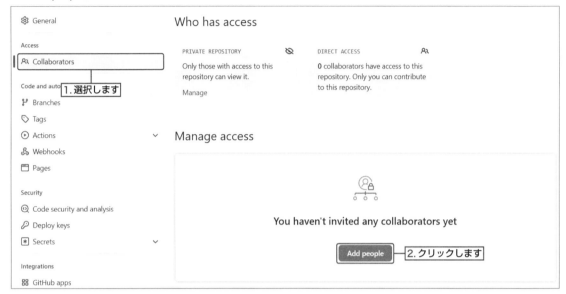

アクセス権の追加は、GitHubユーザー名もしくはメールアドレスで行います。GitHubユーザーは直接選ぶことができますが、マイクロソフトアカウントなどはメールアドレスで入力します。

アクセス権を付与するアカウントを選択したら「Select a collaborator above」ボタンをクリックすることで権限を追加できます。

● プライベートリポジトリへのアクセス権を設定できました

❖ GitHubからのリポジトリ取得

公開されているGitHubリポジトリをVSCodeに読み込ませてみましょう。

▶Microsoft Learn の GitHub リポジトリ

Microsoft社はMicrosoft Learn（Microsoft
製品を学べる学習ツール）などでGitHubリ
ポジトリを公開しています。そういったソー
スを見つけた場合、フォルダーを開きなおす
ことで簡単にVSCodeに読み込ませること
ができます。

　VSCodeでプロジェクトが開いている場
合は、まずそれを閉じてください。

　「ファイル」メニューから「フォルダーを閉
じる」を選択して現在のプロジェクトを閉じ
ましょう。

● 現在操作中のプロジェクトを閉じます

1.クリックします

ファイル(F)	編集(E)	選択(S)	表示(V)	移動(G)
新しいテキスト ファイル				Ctrl+N
新しいファイル...			Ctrl+Alt+Windows+N	
新しいウィンドウ				Ctrl+Shift+N
ファイルを開く...				Ctrl+O
フォルダーを開く...			Ctrl+K Ctrl+O	
ファイルでワークスペースを開く...				
最近使用した項目を開く				＞
フォルダーをワークスペースに追加...				
名前を付けてワークスペースを保存...				
ワークスペースを複製				
保存				Ctrl+S
名前を付けて保存...				Ctrl+Shift+S
すべて保存				Ctrl+K S
共有				＞
自動保存				
ユーザー設定				＞
ファイルを元に戻す				
エディターを閉じる				Ctrl+F4
フォルダーを閉じる				Ctrl+K F
ウィンドウを閉じる				Alt+F4
終了				

2.選択します

Part **5**　GitHubを活用していこう

VSCodeで読み込みたいGitHubのURLを調べておきます。例えば次のURLなどがMicrosoft Learn上で公開されています（ローコードツールであるPower Platform関連のリポジトリです）。

https://github.com/MicrosoftLearning/PL-900-Microsoft-Power-Platform-Fundamentals.ja-jp

URLはGitHubサイトの「Code」ボタンで取得できます。GitHubサイトを閲覧中に、利用したい項目が見つかったときは、そのページの「Code」ボタンをクリックします。するとURLが表示されるので、URL右側の ⎘ ボタンをクリックすると、クリップボードにURLがコピーされます。

● 「Code」ボタンをクリックするとURLが表示されます

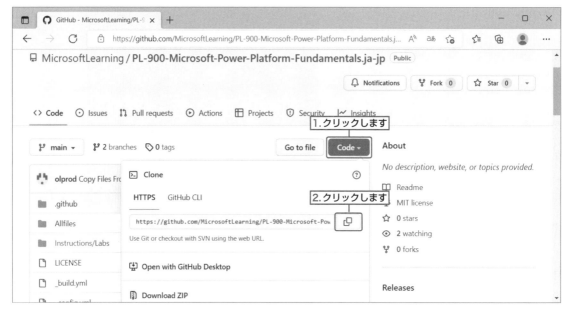

VSCodeのトップメニューの「Gitリポジトリのクローン」をクリックします。

● ソース管理から「Gitリポジトリのクローン」をクリックしても同様です

　「Gitリポジトリのクローン」をクリックしたら画面上部でリポジトリURLの入力を促されるので、クリップボードにコピーされたURLをペーストします。

● **GitHubサイトのURLをペーストします**

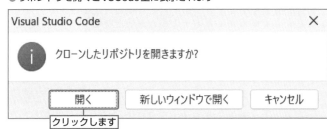

　Enterキーを押すとエクスプローラーが起動し、リポジトリを格納する場所（フォルダー）を選択します。選択したフォルダーの配下に、このリポジトリ名でフォルダーが作成されます。選択が終わるとファイルのコピー（クローン）が始まります。

　終わったらVSCodeで開くことができます。右のダイアログが表示されるので「開く」ボタンをクリックしましょう。

　GitHubサイトのクローンは、インターネットからダウンロードするのと同義なので、取得したファイルに実行権限を与えるか確認を促されます。信頼のおける

● **リポジトリを開くとVSCode上に表示されます**

リポジトリのクローンであれば信頼して問題ありませんが、開発元がよくわからない場合などは慎重に判断しましょう。

● **信頼は慎重に選びましょう**

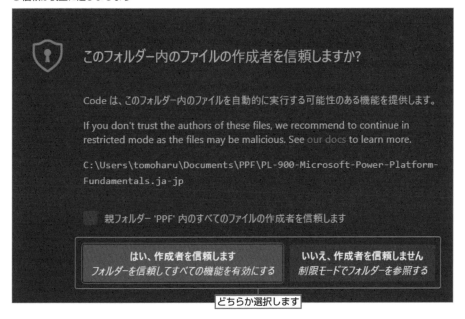

これでVSCodeにGitHubのリポジトリをコピーできました。

● コピーされるとエクスプローラーに表示されます

▶GitHub の公式サイト

GitHubにはこのほかにもかなり多くの機能が備わっています。

　本書で紹介しきれなかったものもあります。GitHubをもっと詳しく知り、有効活用したい方はGitHubの公式サイトを確認してみましょう。

　■ GitHub Support
https://support.github.com/

Part 6

利用シーン別の活用方法を
徹底解説

VSCodeは多機能なエディターで、様々なカスタマイズが可能です。ここでは利用シーン別のVSCodeカスタマイズ方法を解説します。自分の利用用途に合わせてVSCodeをカスタマイズして、使いやすい環境を整えましょう。

Web開発（Webデザイン）

最初に紹介するのはWeb開発です。Web開発は多岐に渡るため、ここではWebデザインの作成に特化した手法を見ていきたいと思います。対象言語はHTMLやCSS（Sass）などを用いた開発において役立つ機能拡張などを紹介します。

❖ Web開発で追加すべき拡張機能

VSCodeでHTMLやCSSを用いたWebデザインをする上で便利な拡張機能を紹介します。

▶ Live Server

まず取り上げたいのはRitwick Deyの「**Live Server**」です。

この拡張機能は記述したプログラムをプレビューするためのものです。コードを書いた後に動作確認をしますが、Live Serverを導入するとコードの修正が即座に反映され、ローカル上で起動しているWebサーバーで確認できるようになります。

機能拡張の一覧（ Ctrl + Shift + X キー）で「Live Server」を検索して「インストール」ボタンをクリックします。

● Live Server

クリックしてインストールします

インストールを終えたら、HTMLファイル上で右クリックして「Open with Live Server」（ Alt + L キー➡ Alt + O キー）を選択することで利用できます。

● Live Serverの起動はhtmlファイルを右クリックして行えます

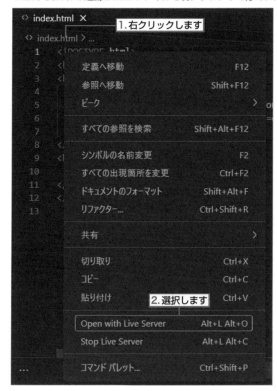

Live Serverはチェック用にローカルマシン上でWebサーバーを稼働させます。Live Server初回起動時にサーバーを起動するため、Windows Defenderファイアウォールがアクセス可否を確認してきます。「アクセスを許可する」ボタンをクリックして許可を与えましょう。

● ファイアウォールはVSCodeがアクセスされることを許可する設定です

Part 6　利用シーン別の活用方法を徹底解説

これでLive Serverとブラウザーが起動し、準備が整いました。

Live Serverが起動するローカルサーバーは「127.0.0.1:5500」です。このローカルサーバー上でVSCodeで編集中のHTMLファイルを表示し、ブラウザーでチェックできます。

VSCodeでHTMLのコードを更新して保存すると、その瞬間にブラウザーの内容が更新され、すぐに変更を確認できるようになります。

●VSCodeで保存する（左）とすぐにブラウザー（右）で確認が行えるようになります

利用を終えたら再度右クリックで「Stop Live Server」を選択するか、ステータスバーにあるClose Serverをクリックして終了しましょう。

●終了もステータスバーから行うことができます

▶HTML CSS Support

ecmelの「**HTML CSS Support**」は、読み込んだCSSに対してインテリセンス（入力支援）を有効化する機能拡張です。この拡張機能があればCSSクラスの設定が楽になります。

機能拡張の一覧（ Ctrl + Shift + X キー）で「HTML CSS Support」を検索して「インストール」ボタンをクリックします。

●HTML CSS Support

使い方はHTMLファイル内のタグ属性「class=""」の中にカーソルを置いて Ctrl + Space キーを押すだけです。これでインテリセンスを表示することができます。読み込み済みのスタイルシートから利用可能なクラスを表示してくれるため、CSS情報の読み込み成否も同時に判断できるようになります。

●インテリセンスが表示されました

```
      <button class="bg-re font-semibold text-white py-2 px-4 rounded">ボタン</button>
</body>              bg-red-100                              tailwind.min.css
</html>              bg-red-200                              tailwind.min.css
                     bg-red-300                              tailwind.min.css
                     bg-red-400                              tailwind.min.css
                     bg-red-50                               tailwind.min.css
                     bg-red-500                              tailwind.min.css
                     bg-red-600                              tailwind.min.css
                     bg-red-700                              tailwind.min.css
                     bg-red-800                              tailwind.min.css
                     bg-red-900                              tailwind.min.css
                     bg-repeat                               tailwind.min.css
```

▶CSS Peek

Pranay Prakashの「**CSS Peek**」は、CSS
の定義を確認できる機能拡張です。

機能拡張の一覧（ Ctrl + Shift + X キー）
で「CSS Peek」を検索して「インストール」
ボタンをクリックします。

●CSS Peek

CSS Peek

CSS Peek   ⏻ 3.5M ★ 3.5
Allow peeking to css ID an...
Pranay Prak...   インストール

クリックしてインストールします

CSSクラス名上で、 Ctrl キーを押しながらマウスカーソルをホバー（マウスカーソルをCSSクラス名上に当
てる）させると、定義内容を表示します。クラス名をクリックすると、内部のCSS定義に遷移できます。

●CSSクラス名に対し Ctrl キーを押しながらホバーさせてみましょう

```
eta cha   .wrapper{
eta htt       width:100%;
eta nam       background-repeat:no-repeat;
cript s       background-size:cover;
ink rel       background-position: center center;
itle>fi   }
>         .
class="wrapper">
```

1. Ctrl キー＋ホバーします   2.定義内容が表示されます

▶Tailwind CSS IntelliSense

CSSフレームワークであるTailwind CSS
を用いて開発する場合、Tailwind Labsの
「**Tailwind CSS IntelliSense**」の導入をお薦
めします。Tailwind CSS IntelliSense が入っ
ていれば、Tailwind CSSで選択したカラーの
色あいなどをVSCode上で確認できるよう
になります。

機能拡張の一覧（ Ctrl ＋ Shift ＋ X キー）で「Tailwind CSS IntelliSense」を検索して「インストール」ボタ
ンをクリックします。

次の図は背景を青色に設定するためのCSSです。このように、それぞれの項目での違いをわかりやすく示して
くれるのです。

●色合いが左側に表示されるようになりました

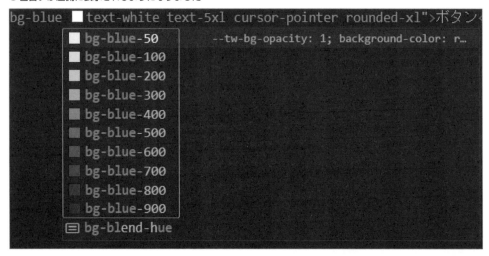

また、設定したTailwind CSSがどういった定義になっているのかも、マウスカーソルをホバーすると教えてく
れます。

●CSSの内容をホバーで確認することができます

```
 .bg-blue-900 {
     --tw-bg-opacity: 1;
     background-color: rgb(30 58 138 / var(--tw-bg-opacity));
 }
```
□bg-blue-900 ■text-white text-5xl cursor-pointer rounded-xl">ァ

　Tailwindを利用する場合、プロジェクト内に「tailwind.config.js」という名前のファイルを格納しておく必要があります。ファイルの内容は特に設定を行っておく必要はありません。「tailwind.config.js」を作成して、次の文字を記述しておきましょう。

```
module.exports = {
    purge: [],
    darkMode: false,
    theme: {
      extend: {},
    },
    variants: {
      extend: {},
    },
    plugins: [],
  }
```

● tailwind.config.jsが必要となります

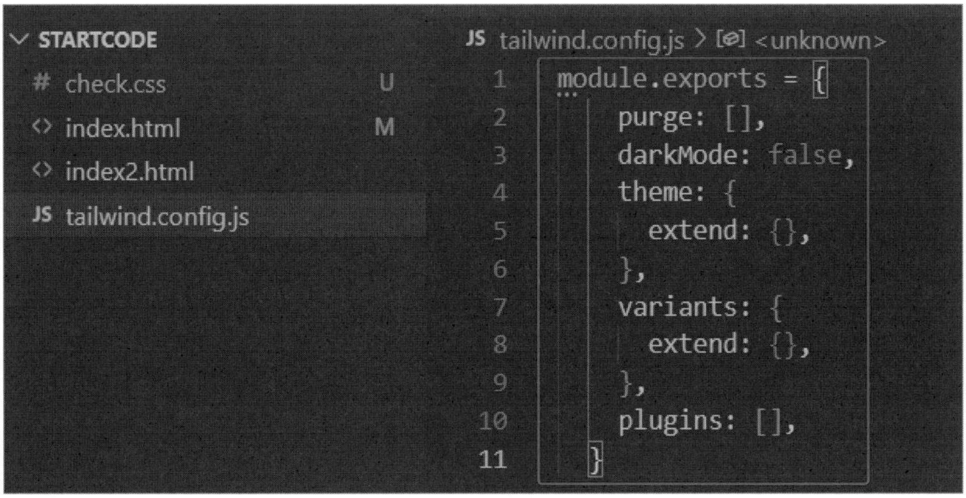

▶HTMLHint

　「**HTMLHint**」はHTMLのコードを簡易的に確認してくれる機能拡張です。
　機能拡張の一覧（ Ctrl ＋ Shift ＋ X キー）で「HTMLHint」を検索して「インストール」ボタンをクリックします。

● HTMLHint

クリックしてインストールします

　HTMLHintをインストールしてHTMLファイルを編集すると、問題のある構文を発見して何がおかしいのかを教えてくれます。

　HTMLの構文ミスは、ブラウザーの解釈によって動作上の不具合が顕在化しないことも少なくありません。しかし、ブラウザーの対応が変わることで、後日構文ミスによるトラブルが発覚することもあります。

　HTMLHintを用いて、できる限り標準構文で記述するように心がけましょう。

● ダブルクォーテーションが必要な箇所を見つけてくれました

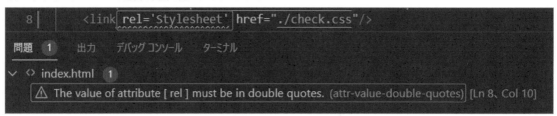

❖ Web開発を便利にするテクニック

　Web開発では、過去に利用したことのあるHTMLコードを再利用するケースがたくさんあります。表やリストの表現などといった表現方法がパターン化されやすい特徴があるためです。

　何度も利用するような構文は、ユーザー スニペットを利用することで構文パターンをまとめることができます。ユーザー スニペットは「ファイル」メニューから「ユーザー設定」➡「ユーザースニペットの構成」を選択して利用できます。

●ユーザー スニペットの構成を行いましょう

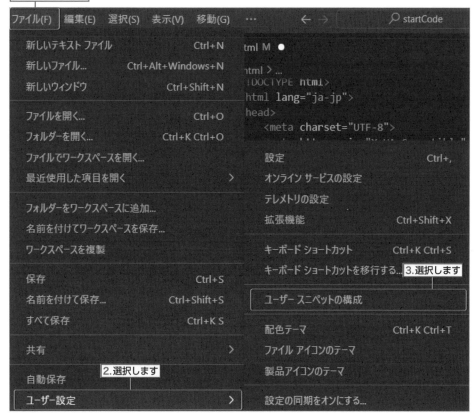

スニペットは自分で一から記述してもよいですが、ネット上で構文を公開しているものもあるので、それを参考にするのも1つの手です。

次のURLはミギムキ氏が公開している、HTML/CSSコーディングでよく使うスニペットのページです。

■ [VSCode] HTML/CSSのコーディングでよく使うスニペットまとめ
https://migi.me/tool/vscode-snippet-html-css/

同様に、CSSも定義されたCSSを利用する方法があります。

Web開発の際にBootstrapや前述のTailwindなどのCSSフレームワークを利用するケースも増えています。160ページで紹介した拡張機能「Tailwind CSS IntelliSense」はCSSフレームワークであるTailwindの入力支援をするものですが、TailwindはHTMLヘッダーに次ページの1文を設定すれば利用できるため、様々なサイトで活用されています。

Part
6

利用シーン別の活用方法を徹底解説

● tailwindを利用する際のヘッダー設定例

```
∨ <head>
    <meta charset="UTF-8">
    <meta http-equiv="X-UA-Compatible" content="IE=edge">
    <meta name="viewport" content="width=device-width, initial-scale=1.0">
    <script src="https://cdn.tailwindcss.com"></script> ━━━ 追記します
    <link rel="Stylesheet" href="./check.css"/>
    <title>file1</title>
  </head>
∨ <body class="wrapper">
    <p id="P1" class="bg-auto font-black text-4xl">パラグラフ1</p>
    <button class="□bg-blue-900 ■text-white text-5xl cursor-pointer rounded-xl">ボタン</button>

  </body>
  </html>
```

❖ HTML/CSSのデバッグ環境を整える

　VSCodeでWeb開発を行う際は、156ページで解説した拡張機能「Live Server」を利用してデバッグするのが一般的です（デバッグについては181ページを参照）。

　デバッグをする際に、その都度起動して確認する方法もあります。しかし、JavaScriptなどが組み込まれたコードの場合は、VSCodeからメソッド起動などを行いたいこともあるでしょう。VSCodeにはデバッグ構成ファイル（launch.json）を作成してカスタマイズする機能があります。アクティビティバーの「デバッグ」からlaunch.jsonを作成していきましょう。

　作成しているHTMLファイルをアクティブにした状態で、アクティビティバーのデバッグ🐞アイコンをクリックします。デバッグを開いたら「launch.jsonファイルを作成します」をクリックしてください。

● 「launch.jsonファイルを作成します」をクリックしましょう

コマンドパレットに「デバッガーの選択」が表示されます。「Web App（Edge）」を選択しましょう。

● 「Web App（Edge）」を選択してください

launch.jsonが作成されます。

このファイルのままではHTMLが開くため、設定を変更します。「"file":」から始まる行を差し替えていきます。

● launch.jsonを書き換えます

```
<> index.html        {} launch.json U X ───── 作成されます

.vscode > {} launch.json > ...
   1   {
   2       // IntelliSense を使用して利用可能な属性を学べます。
   3       // 既存の属性の説明をホバーして表示します。
   4       // 詳細情報は次を確認してください: https://go.microsoft.com/fwlink/?linkid=830387
   5       "version": "0.2.0",
   6       "configurations": [
   7           {
   8               "type": "msedge",
   9               "request": "launch",
  10               "name": "Open index.html",
  11               "file": "c:\\Users\\tomoharu\\Documents\\startCode\\index.html" ── 削除します
  12           }
  13       ]
  14   }
```

　"file":項目を削除したら、次の2項目を追加します。途中の項目（次の例では「"url":」項目）は行末に「,」を入れるのを忘れないようにしましょう。

```
"url": "http://localhost:5500",
"webRoot": "${workspaceFolder}"
```

● fileを削除し、urlおよびwebRootを加えます

```
.vscode > {} launch.json > ...
   1   {
   2       // IntelliSense を使用して利用可能な属性を学べます。
   3       // 既存の属性の説明をホバーして表示します。
   4       // 詳細情報は次を確認してください: https://go.microsoft.com/fwlink/?linkid=830387
   5       "version": "0.2.0",
   6       "configurations": [
   7           {
   8               "type": "msedge",
   9               "request": "launch",
  10               "name": "Open index.html",
  11               "url": "http://localhost:5500",        ── 追加します
  12               "webRoot": "${workspaceFolder}"
  13           }
  14       ]
  15   }
```

　urlは起動したいHTMLファイル名を書いておくとよいですが、ここではデフォルトのindex.htmlを開くため、ホスト名とポート名のみ記述しています。158ページでも説明しましたが、Live Serverのデフォルトポートは

5500です。

　拡張機能「**Microsoft Edge Tools for VS Code**」を導入すると、VSCodeからブラウザーのDevToolsを起動できるようになります。機能拡張の一覧（ Ctrl ＋ Shift ＋ X キー）で「Microsoft Edge Tools for VS Code」を検索して「インストール」ボタンをクリックします。

● Microsoft Edge Tools for VS Code

クリックしてインストールします

インストールするとnodeとnpmのインフォメーションが表示されます。「OK」ボタンをクリックします。

● 通知が出てきたら「OK」ボタンをクリックしましょう

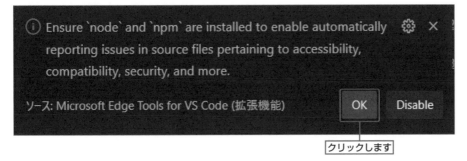

クリックします

　これで準備は整いました。

　Live Serverは先に起動しておく必要があります。起動を終えたら F5 キーを押してデバッグを開始しましょう。デバッグが開始されるとVSCode上に次のデバッグツールが表示されます。

　デバッグを終了したい場合は ■ ボタンを、ブラウザーのDevToolsを表示したい場合は右の ▣ ボタンを押しましょう。

● デバッグツールでデバッグの停止などを行えます

ステップイン（ F11 ）　　　デバッグの再起動（ Ctrl ＋ Shift ＋ F5 ）

ブラウザーの
DevToolsを表示

一時停止（ F6 ）　　ステップオーバー（ F10 ）　　ステップアウト（ Shift ＋ F11 ）　　デバッグの終了（ Shift ＋ F5 ）

DevToolsを表示するとブラウザー上で F12 キーを押したときと同様に表示されます。

●DevToolsがVSCode上で実行されています

DevTools上での変更もLive Serverの変更対象となるため、即座に変更が反映されます。これらの機能を活用してデバッグを進めていきましょう。

アプリ開発（C#）

VSCodeはコードエディターです。効率的なプログラミングを行うための様々な機能が用意されています。ここではMicrosoftが開発しているC#を例に、アプリ開発の際に便利な機能を紹介していきます。

❖ .NET SDKのインストール

VSCodeでC#の開発を行うには、.NET SDKをインストールする必要があります。次のURLからインストーラーをダウンロードしてインストールしていきましょう。

■ .NET のダウンロード
https://dotnet.microsoft.com/ja-jp/download

アクセスした環境に合わせたインストーラーが表示されます（図はWindows版）。長期サポート版である.NET 6.0の.NET SDK x64をダウンロードします。.NET 7.0はLinuxなどのサポートが強化され、いくつかの新機能が追加されていますが、標準期間サポートとなるため、.NET 6.0 と.NET 7.0のどちらも2024年までのサポートとなっています。

●インストーラーはWebからダウンロードします

インストーラーでは特に設定などはなく、「インストール」ボタンをクリックしていけば導入が完了します。

● 「インストール」ボタンをクリックするだけでインストールが開始されます

UAC（ユーザーアカウント制御）の確認ダイアログが表示されたら「はい」ボタンをクリックして進めます。

● システムに変更を加えるため、UACの確認画面が出ます

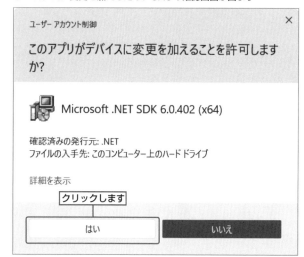

インストール成功の画面が表示されたら、「閉じる」ボタンをクリックして終了させましょう。

● インストールされたことを確認したら閉じましょう

これで、VSCodeからC#アプリ開発が行えるようになりました。

新しいC#プロジェクトを作成してみましょう。VSCodeのターミナルを起動し、「dotnet new console -o」に続けて作成するプロジェクト名を「"」でくくって実行すると、新たなC#プロジェクトが作成されます。

```
dotnet new console -o "プロジェクト名称"
```

● ターミナルで新しいC#プロジェクトを作成します

作成済みのC#プロジェクトを開くには、ターミナル上で「code」コマンドに続けてプロジェクト名を指定して実行するか、VSCodeの起動メニューである「作業の開始」を表示させ、「フォルダーを開く」をクリックしてください。

code　プロジェクト名称 ⏎

●コマンド入力でVSCodeが新たに起動します

```
作成後の操作を処理しています...
C:\Users\tomoharu\Documents\VSCSharp\ConsoleApp\ConsoleApp.csproj で ' dotnet restore ' を実行
　　復元対象のプロジェクトを決定しています...
　　C:\Users\tomoharu\Documents\VSCSharp\ConsoleApp\ConsoleApp.csproj を復元しました (130 ms).
正常に復元されました。
                                        入力します
PS C:\Users\tomoharu\Documents\VSCSharp> code ConsoleApp
```

●作業の開始画面で「フォルダーを開く」をクリックしても同様です

　フォルダーが開いたら、エクスプローラーを確認しましょう。「.csproj」ファイルと「Program.cs」ファイルが格納されています。
　.csprojには、このアプリが利用するランタイムなどの情報が記載されています。Program.csファイルには、このアプリの起動ポイントが記載されています。

● エクスプローラーをチェックするとC#の起動コードが格納されています

初期状態のProgram.csを開くと「Hello, World!」をコンソール上に表示する構文が書かれています。この形式は.NET 6形式のものです。「最上位レベルのステートメント」と呼ばれる記述形式で、コンパイル時にクラスやMainメソッドを自動補完してくれます。

プログラム作成は、このコードを置き換えて記述していきます。

● 最初に表示されるサンプルコードは最上位レベルのステートメントを採用しています

```
C# Program.cs
1    // See https://aka.ms/new-console-template for more information
2    Console.WriteLine("Hello, World!");
3
```

これでC#開発の準備は整いました。

❖ アプリ開発で追加すべき拡張機能

VSCodeでアプリ開発をする際に便利な拡張機能を紹介します。

VSCodeの初期状態でもcsファイルを記述していくことはできますが、コンパイルやデバッグを行うには拡張機能を追加していく必要があります。まずは拡張機能を整理していきましょう。

▶C# for Visual Studio Code

「**C# for Visual Studio Code**」はMicrosoft公式のC#開発向け拡張機能です。

機能拡張の一覧（ Ctrl + Shift + X キー）で「C#」を検索すると検索結果上位に表示されます。「インストール」ボタンをクリックしてインストールします。

●C# for Visual Studio Code

クリックしてインストールします

この拡張機能を導入するとC#プログラムのデバッグが行えるようになります。デバッグについては181ページで詳しく説明します。

また、プログラムに関する便利機能が利用できるようになります。例えば「最上位レベルのステートメント」となっている部分を、ワンクリックで.NET 5で利用できるようにコンバートできます。

●コンバートは電球マーク💡をクリックすることで開始できます

1.クリックします　　2.選択します

コンバートされたファイルはクラスとメソッドが補完され、.NET 5以前と互換性を持つようになります。

● コンバートされるとクラスとメソッドが作成されます

```
C# Program.cs > 🏷 Program
        0 references
    1   internal class Program
    2   💡
        0 references
    3       private static void Main(string[] args)
    4       {
    5           Console.WriteLine("Hello, World!");
    6       }
    7   }
```

クラスを構成したときも 💡 が表示されます。ここではコンストラクターの自動生成やリファクタリング（プログラムのふるまいを変えず記述を整えること）などを提案してくれます。

● クラスに関する操作を提案してくれます

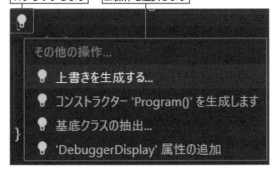

1.クリックします　　2.操作を選択します

その他の操作...
💡 上書きを生成する...
💡 コンストラクター 'Program()' を生成します
💡 基底クラスの抽出...
💡 'DebuggerDisplay' 属性の追加

▶C# Extensions

JosKreativの「**C# Extensions**」も導入しておきたい拡張機能の1つです。C# ExtensionsはインストールすることでC#関連のファイルの作成が簡単になる機能を備えています。

機能拡張の一覧（ Ctrl + Shift + X キー）で「C# Extensions」を検索し、「インストール」ボタンをクリックしてインストールします。

175

● C# Extensions

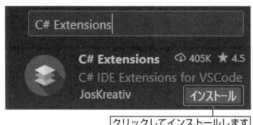

エクスプローラー上で右クリックすると「New C#」メニューが追加されています。このメニューからファイルを作成することで、クラスの作成が簡単に行えるようになるのです。メニューにある「Razor Page」ではcshtmlとcsファイルの同時作成を行ってくれるなど、デザイナーを意識したファイル作成も行えます。

今回はClassファイルを作成してみましょう。「New C#」メニューから「Class」を選ぶことで通常のC#クラスを含んだファイルを作成できます。

● 様々なパターンのプログラムを作成できます

ファイル名はコマンドパレットから入力します。

● コマンドパレットにファイル名を入力しましょう

```
Class1 ──ファイル名を入力します
Please enter a name for the new file(s) ('Enter' を押して確認するか 'Escape' を押して取り消します)
```

「namespace」がフォルダー名になっているクラスを含んだファイルがテンプレートとして作成されました。このファイルにはよく利用するnamespaceの読み込み構文であるusingディレクティブが記載されています。このディレクティブが記載されている場合、クラス利用時にnamespaceの記述を省略することができます。

● クラステンプレートが作成されました

```csharp
C# Class1.cs > {} ConsoleApp
1    using System;
2    using System.Collections.Generic;
3    using System.Linq;
4    using System.Threading.Tasks;
5
6    namespace ConsoleApp
7    {
         0 references
8        public class Class1
9        {
10
11       }
12   }
```

▶ Auto-Using for C#

Fudgeの「**Auto-Using for C#**」も導入しておきたい拡張機能です。Auto-Using for C#を利用するとusing設定されていないクラスを利用する際に、自動的にusing文を挿入してくれます。クラス名は覚えていてもnamespaceは覚えていないということはよくあるので、そういったときに活用できます。

機能拡張の一覧（ Ctrl + Shift + X キー）で「Auto-Using for C#」を検索し、「インストール」ボタンをクリックしてインストールします。

● Auto-Using for C#

クリックしてインストールします

　利用方法は簡単です。クラス名を入力すると表示されるポップアップから、右側にnamespaceが表示される
クラスを選択するだけです。

● 利用設定されていないクラスがあったときに右側に namespace が表示されます

1.クリックします

2.namespaceが表示されます

usingディレクティブにnamespaceが定義されていなければこの操作で追加されます。

● using文に namespace が追加されました

```
C# Class1.cs > {} ConsoleApp > ⚡ ConsoleApp.Class1
2    using System.IO;          追加されます
3    using System;
4    using System.Collections.Generic;
5    using System.Linq;
6    using System.Threading.Tasks;
```

▶C# XML Documentation Comments

Keisuke Katoの「**C# XML Documentation Comments**」も入れておきましょう。この機能拡張は、コメントキーを3回押すことでコメント用のXMLを作成してくれます。

機能拡張の一覧（ Ctrl + Shift + X キー）で「C# XML Documentation Comments」を検索し、「インストール」ボタンをクリックしてインストールします。

●C# XML Documentation Comments

クリックしてインストールします

インストール後、クラス名やメソッド名の上に「///」と入力してみましょう。すると「summary」というXMLタグが作成されました。

引数や戻り値があるメソッドであれば、それらの内容を記述するparamタグやreturnsタグなども作成されます。

●summaryタグが作成されました

```
/// <summary>
///
/// </summary>
0 references
public class Class1
```

❖ アプリ開発を便利にするテクニック

VSCodeでプログラムを書くときはインテリセンス（入力支援）を活用しましょう。プログラム行を書いていくとインテリセンスが表示され、入力中の文字を補完してくれます。

● インテリセンスを活用しましょう

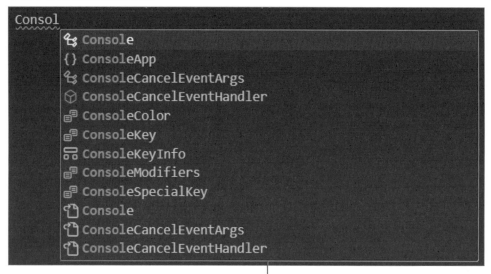

補完するプログラムの候補

また、プログラムの入力中に💡アイコンが表示されることがあります。これをクリックすると変数の生成やタイプミスの修正が行えます。

● 電球マーク💡を活用するとコードの自動作成などが行えます

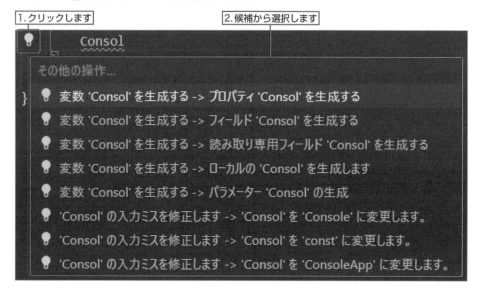

プログラムを作成していくときは、ソースの右クリックを活用するとプログラムの構造を掴むときに便利です。「定義へ移動」や「参照へ移動」などはよく利用する項目なので、ショートカットを含めて覚えておくとよいで

しょう。

●右クリックメニューは変数や関数を選択してから出しましょう

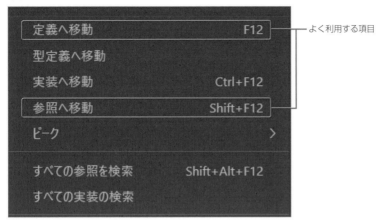

定義へ移動	F12
型定義へ移動	
実装へ移動	Ctrl+F12
参照へ移動	Shift+F12
ピーク	>
すべての参照を検索	Shift+Alt+F12
すべての実装の検索	

よく利用する項目

❖ アプリ開発のデバッグ

拡張機能の「**C# for Visual Studio Code**」がVSCodeにインストールされていればデバッグが可能になります。

デバッグとは記述したプログラムコードを1行ずつ実行してチェックすることです。記述したプログラムコードが作成者の考えたように動いているか確認します。コードを書いたらデバッグしてチェックするというのがアプリ開発の基本の流れです。

C# for Visual Studio Codeのインストール後、アクティビティバーのデバッグ アイコンをクリックして、「Generate C# Assets for Build and Debug」をクリックすればデバッグが始まります。

●デバッグはアクティビティバーから選択します

実行とデバッグ: 実行 ・・・

デバッグまたは実行可能なファイルを開きます。

実行とデバッグ

1.クリックします

実行とデバッグをカスタマイズするには、launch.json ファイルを作成します。

[すべての自動デバッグ構成を表示]
(command:
workbench.action.debug.selectandstart)。

Generate C# Assets for Build and Debug

To learn more about launch.json, see Configuring launch.json for C# debugging.

2.クリックします

▶ デバッグの実行

これでデバッグが行えるようになります。F5キーを押すか、次の図のようにボタンをクリックしてもデバッグを開始できるようになります。

● このボタンを押してもデバッグが開始されます

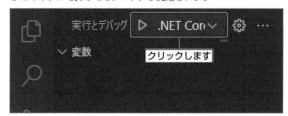

▶ ブレークポイントの設定

デバッグを行うと、ブレークポイントを設定した箇所で動作を止めながら動きを確認できます。ブレークポイントを設定したい行の行番号左側をポイントすると表示される ● をクリックするか、行を選択してから F9 キーを押すことで設定できます。

● ブレークポイントを設定すると赤丸が表示されます

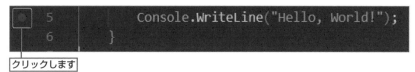

実際にデバッグを行ってみましょう。デバッグが開始されブレークポイントまで実行されるとその場所が表示され、その時点で有効な変数の設定状況を見ることができます。

これを活用してプログラムを完成させていきましょう。

● デバッグでは変数を確認することができます

```
∨ 変数   ┌1.クリックします┐        C⁺ Program.cs › ⁑ Program
 ∨ Locals                           0 references
  args [string[]]: {string[0]}   1   internal class Program
                                  2   {
                                        0 references
                                  3     private static void Main(string[] args)
                                  4     {
                              ⟱  5   ▷Console.WriteLine("Hello, World!");
                                  6     }
                                  7         ┌2.変数の設定状況が表示されます┐
 ∨ ウォッチ式                       8   }
  args: {string[0]}
```

182

　デバッグ時は画面上部にデバッグパネルが表示され、ここからプログラムを操作できます。特によく利用するのは続行とステップオーバーです。それぞれのボタンの機能を確認しておくとよいでしょう。

●デバッグパネルではプログラムの状態を操作することができます

●デバッグ時のボタン動作

No	アイコン	ショートカット	動作	説明
❶		F5 キー	続行	次のブレークポイントまで進む
❷		F10 キー	ステップオーバー	同一のプログラムを次のステップまで実行する
❸		F11 キー	ステップイン	メソッド呼び出しがあればそのメソッド内の次のステップを実行する
❹		Shift + F11 キー	ステップアウト	メソッドを終了するまで実行し、呼び出し元まで実行を進める
❺		Ctrl + Shift + F5 キー	再起動	プログラムを再起動する
❻		Shift + F5 キー	停止	プログラムを停止する

Part
6

利用シーン別の活用方法を徹底解説

183

Python開発

AI開発などで活躍するPythonもVSCodeで開発できます。Python開発にはPython環境や拡張機能のインストールなどが必要です。ここではPython開発に便利なVSCodeの機能を解説します。

✤ Pythonのインストール

Pythonの特徴は実行環境を仮想環境として定義できる点です。開発時は同時に複数のプログラムを作成していくことも多くありますが、それぞれのプログラムに必要な設定などが異なると、それぞれに仮想PCを用意するといった面倒が生じます。Pythonはそういった環境を仮想環境として定義できるので、小さなプログラムを複数用意するようなケースでよく使われます。

PythonをVSCodeで利用するためには、Python環境をインストールしておく必要があります。まずはダウンロードとインストールを行っていきましょう。

■ Pythonのダウンロードページ
https://www.python.org/downloads/

●ダウンロードページでは最新版がトップに表示されます

　ダウンロードしたインストーラーを起動したら、画面下部にある「Add python.exe to PATH」にチェックを入れてインストールを行いましょう。この設定を行っておくことで、VSCodeからの起動が簡単にできるようになります。チェックしたら「Install Now」をクリックします。

●インストール時にはPATHの追加を忘れずに行いましょう

　パソコン上の設定を変更するため、ユーザー アカウント制御（UAC）の画面が表示されます。「はい」ボタンをクリックして先に進めていきましょう。

●ユーザー アカウント制御が表示されるケースがあります

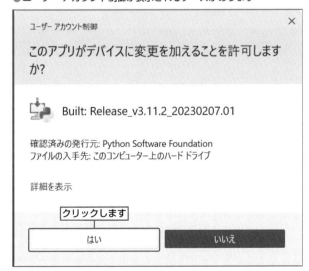

インストール中に次の画面が表示されることがあります。Windows では PATH の長さが 260 文字までという制限がありますが、この設定を行うことでそのリミットを解除することができます。「Disable path length limit」をクリックしてください。なお、この設定もユーザー アカウント制御が起動します。

● PATH 長の制限を解除します

インストールが完了したら VSCode を再起動し、PowerShell コンソールを起動しましょう。
「Set-ExecutionPolicy RemoteSigned -Scope CurrentUser -Force」コマンドを実行して PowerShell スクリプトを起動できるように設定します。

● PowerShell のリモート実行を有効化します

```
PS C:\Users\tomoharu\Documents\PythonProject> Set-ExecutionPolicy RemoteSigned -Scope CurrentUser -Force
PS C:\Users\tomoharu\Documents\PythonProject>
```

❖ Python 開発で追加すべき拡張機能

Python を VSCode 上で扱うための拡張機能をインストールしていきましょう。それほど多くの拡張機能は必要ありません。

▶ Python

Microsoft 社からリリースされている Python 拡張機能をインストールしておけば一通りのことは行えます。

「Python」という名前ですが、あくまでVSCodeでの補助ツールとなっているため、Python実行環境ではないことに注意しましょう。

機能拡張の一覧（ Ctrl + Shift + X キー）で「Python」を検索して「インストール」ボタンをクリックします。

● Python拡張機能

Python拡張機能のインストールが完了すると、VSCode起動時の画面にチュートリアルが2つ追加されます。「Get started with Python development」をクリックしてみましょう。

● 起動画面はヘルプメニューの「ようこそ」からも起動できます

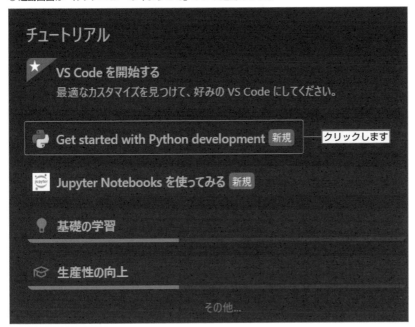

このチュートリアルを利用すれば、Pythonのプログラムを書くための準備を一から行っていくことができます。

●Pythonのチュートリアル

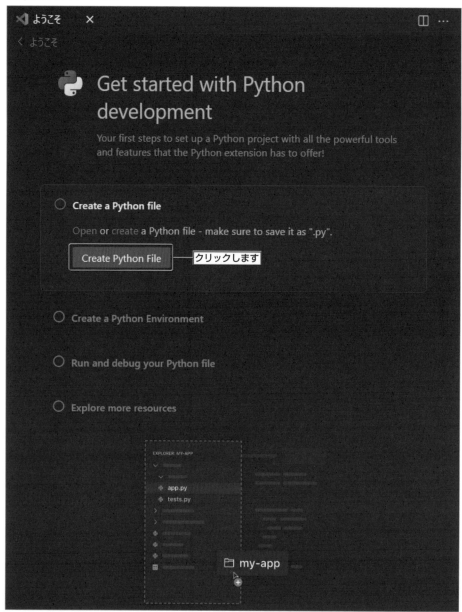

　はじめに行うことは「.py」という拡張子のついたファイルを作成することです。今回は「hello.py」という名前でファイルを作成してみましょう。空のファイルを作成して、次の内容を記述してください。

```
# -*- coding: utf-8 -*-
print( "Hello World!")
```

```
print( "今年は%d年です。" % (2023) )
```

1行目は文字コードを示すコメント行です。2行目は文字出力、3行目は変数を読み込む文字出力です。

● py ファイルを作成します

```
🐍 hello.py    ✕

🐍 hello.py
  1    # -*- coding: utf-8 -*-
  2    print( "Hello World!")
  3    print( "今年は%d年です。" % (2023) )
  4
```

次は仮想環境の作成です。ここで作成した環境の上に様々な設定を載せていくことで、プログラムごとに異なる環境を実現することができます。

チュートリアル上の「Create Environment」ボタンをクリックします。

● チュートリアルの2つ目になります

また、コマンドパレットで「Python:create environment」コマンドを実行することでも、同様の状態を作り出せます。

● コマンドパレットを利用した場合

Part
6

利用シーン別の活用方法を徹底解説

仮想環境は「Venv」と「Conda」を選択できます。通常はVenvを選ぶようにしましょう。Condaは科学技術計算などで用いられるAnaconda Cloudを利用するケースです。

●Venvを選択するとPythonのパッケージ配布サービスを利用できます

　続いて、この仮想環境に利用するインタープリター（Pythonの実行環境）を選択します。コマンドパレットにインストールしたPythonのバージョンが表示されるので選択しましょう。

●インタープリターを選択します

　この設定が完了すれば仮想環境が作成されます。環境の作成状況は通知エリアに表示されます。

●仮想環境が作成されるとこのような通知が行われます

　仮想環境が作成できるとプロジェクト内に次ページの図のようにライブラリやスクリプトなどが自動的に作成されます。

● 仮想環境がプロジェクト内に作成されました

　これで設定は完了です。先ほど作成したコードを実行してみましょう。コードの実行には F5 キーを押すか、pyファイルの右側に表示される実行ボタン ▷ をクリックします。

● 実行ボタン ▷ をクリックして動作させてみましょう

次図のように実行結果が表示されたら成功です。

● ターミナルに実行結果が表示されました

▶Jupyter Notebooks

Python 拡張機能をインストールすると、同時に「Jupyter Notebooks」という拡張機能が追加されます。Jupyter Notebooksを利用すると、コードとMarkdownを1つのファイルにまとめて保存できるようになります。この形式であれば、プログラムの意図を一緒に伝えることができるので、主に教育分野で利用されることが多いです。

このJupyter Notebooksにもチュートリアルが用意されているので利用方法を見ていきましょう。

●Jupyter Notebooksのチュートリアル

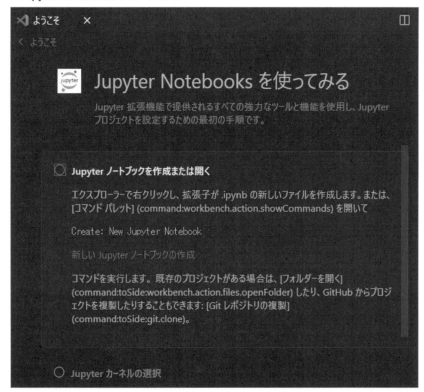

まずはPythonと同様に、ファイルを作成するところから入ります。Jupyter Notebooksの拡張子は「.ipynb」です。ファイル作成は、コマンドパレットで「create:New Jupyter Notebook」と入力します。

●新しいJupyter Notebooksのファイルを作成します

　ファイルを作成したときには標準インストールのPythonに紐づきます。Pythonは仮想環境を作成することでそれぞれのコードに合わせた環境を用意できるので、186ページを参照して仮想環境を作成しておきましょう。

　この仮想環境にプロジェクトを紐づけていきます。この作業を「Jupyterカーネルの選択」と呼びます（チュートリアルの2つ目の項目です）。

● Jupyter Notebooks ファイルを作成したらカーネルを選択しましょう

作成したJupyter Notebooksファイルの右側にある環境をクリックすることで仮想環境を切り替えできます。

● 環境をクリックすると画面上から変更できます

コマンドパレットで「Notebook: Select Notebook Kernel」コマンドを入力することでも変更可能です。

● コマンドパレットを利用した場合

　コマンドを実行すると次の入力を求められます。先ほど作成した仮想環境を選択しましょう。そうすることで他のプロジェクトに影響しない環境となります。

● 作成した仮想環境を選択します

これで利用の準備は完了です。

Jupyter Notebooksでは「＋コード（コードの追加）」「＋マークダウン（Markdownの追加）」「すべてを実行」の3つのメニューが利用できます。

● コードとMarkdownを同時に編集したところ

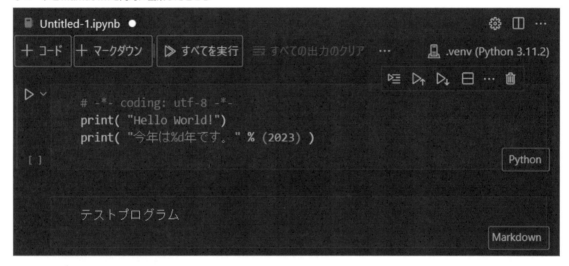

試しに実行ボタンを押してコードをデバッグしてみましょう。

コードは個々のコード ▷ またはすべてを実行 ▷ すべてを実行 から選ぶことができます。

はじめてコードを実行する際に、必要パッケージが足りないというメッセージが表示されることがあります。このメッセージが表示されたときは「インストール」ボタンをクリックします。

● ipykernelパッケージを要求された場合はインストールしましょう

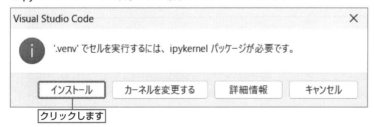

Pythonではライブラリと呼ばれる機能が豊富に用意されていますが、このように最初からすべてがインス

トールされているわけではありません。必要なものだけをインストールできることがPythonの特徴で、仮想環境を作成する意味でもあります。

Ipykernelをインストールすると通知されます。少し時間がかかるのでインストールの完了を待ちましょう。

● **インストール中は通知が行われます**

完了するとコードが実行され、実行結果が表示されます。

● **実行結果が表示されます**

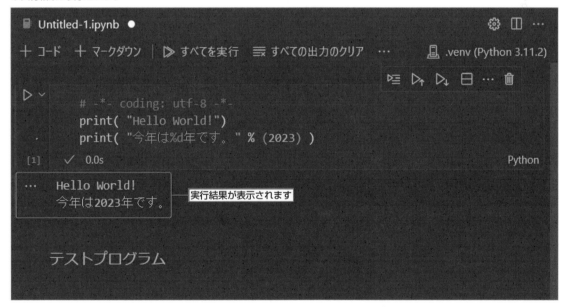

最後にデータビューアーを見ていきます。Pythonはデータの集計を得意とする言語といわれていますが、こういったビューアーやグラフ化のパッケージが用意されていることがその理由です。

Part
6

利用シーン別の活用方法を徹底解説

●3つ目のチュートリアルはデータ ビューアーの実行です

○ **データの探索とデバッグ**

    ▦ データ ビューアー を使用して、データの行を表示、並べ替え、フィルター処理できます。データを読み込んだ後、ノートブックの右上にある [変数] をクリックし、データ テーブルの左側にあるデータ ビューアー アイコンをクリックします。

    データ ビューアーの詳細

    ▣ 行単位で実行 モードを使用してノートブックをデバッグし、セルを 1 行ずつ実行します。セルの [行単位で実行] アイコンをクリックするか (線付きの再生ボタン) をクリックするか、F10 キーを押します。

    行単位で実行の詳細

　データ ビューアーの動作を見るためにはデータが必要なのでCSVファイルの準備が必要です。郵便番号と地域名が一体となったCSVファイルが日本郵便株式会社のサイトで公開されているので利用してみましょう。
　次のサイトからCSVファイルをダウンロードしていきます。

■ 郵便番号データダウンロード
https://www.post.japanpost.jp/zipcode/download.html

　CSVファイルをプロジェクトフォルダー内にコピーしておき、次のコードを追加することでデータの読み込みが行えます（ここでは東京都のCSVファイルをダウンロードしています。郵便番号のCSVファイルはShift-JIS形式なので、エンコード形式も忘れず指定しましょう）。

```
import pandas as pd
import numpy as np
data = pd.read_csv('13TOKYO.CSV', encoding="shift-jis")
```

　コードを書いたうえで実行すると「ModuleNotFoundError」が発生します。

●エラーが発生しました

```
import pandas as pd
import numpy as np
data = pd.read_csv('13TOKYO.CSV', encoding="shift-jis")
[3]  ⊗  0.0s

...
-----------------------------------------------------------------------
ModuleNotFoundError ──発生したエラー        Traceback (most recent call last)
Cell In[3], line 1
----> 1 import pandas as pd
      2 import numpy as np
      3 data = pd.read_csv('13TOKYO.CSV', encoding="shift-jis")

ModuleNotFoundError: No module named 'pandas'
```

　これは「pandas」と「numpy」というパッケージがインストールされていないことを表しています。これらをインストールすることでエラーを解消します。

　Ctrl + Shift + @ キーを押してターミナルを起動します。「pip install pandas」コマンドを実行してpandasパッケージをインストールしましょう。pandas をインストールするとnumpyも同時にインストールされます。

●pip コマンドを利用してパッケージをインストールします

```
問題   出力   デバッグ コンソール   ターミナル

● PS C:\Users\tomoharu\Documents\PythonProject> & c:/Users/tomoharu/Documents/PythonProject/.venv/Scripts/Activate.ps1
● (.venv) PS C:\Users\tomoharu\Documents\PythonProject>  pip install pandas
  Collecting pandas
                                  ┌─コマンドを実行します─┐
```

> **✎ NOTE**
>
> **pip コマンド**
>
> pip コマンドはPythonのパッケージを管理するためのツールです。Python では「PyPI」（https://pypi.org/）というサイトで様々なパッケージを配布しています。VSCodeの拡張機能のプログラム言語版と思えばよいでしょう。このサイトにあるパッケージをコマンドからインストールするための機能がpip コマンドです。

　インストールが完了したら再度実行を行ってみてください。

●再度実行していきます

```
                                              ⊨  ▷↑  ▷↓  🗗  …  🗑
▷ ∨
    import pandas as pd
    import numpy as np
    data = pd.read_csv('13TOKYO.CSV', encoding="shift-jis")

[8]                                                                    Python
```

実行するとJUPYTER:VARIABLESというタブがパネルに表示されます（タブ選択前はJUPYTERという名前になっています）。このタブには実行後の変数が一覧表示されます。

今回はdataという変数にCSVのデータを入れたので、その項目をクリックしましょう。するとメイン画面にデータ ビューアーが表示されます。データ ビューアーを利用すると変数にどのようなデータが格納されているかを確認できるだけでなく、フィルター機能でその中身を検索することができます。並び替えや必要なデータのコピーも行えるのでどのようなことができるか試してみるとよいでしょう。

● **実行が完了し、データ ビューアーで状態を見ることができました**

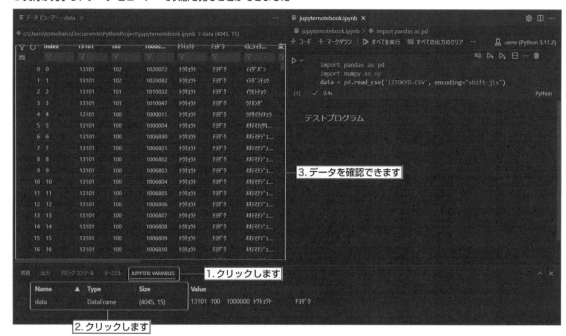

VSCodeサイトではチュートリアルを用意しています。Pythonをもっと詳しく知りたい人は次のページを利用して覚えていくとよいでしょう。

■ **Data Science in Visual Studio Code**
https://code.visualstudio.com/docs/datascience/overview

Webコード開発（JavaScript）

Webアプリ開発で必須のJavaScriptでのコーディングに便利な機能を紹介します。VSCodeには初期状態から
JavaScript開発支援機能が搭載されていますが、実行環境がなくそのままではデバッグなどができません。そ
こでサーバーサイドJavaScript実行環境であるNode.jsを導入します。

❖ JavaScript開発で追加すべき拡張機能

　JavaScriptはVSCode単独でもサポート対象なので、初期状態からJavaScriptのコードを書き始められます。
しかし、VSCodeにはJavaScript開発支援をする拡張機能がたくさんあります。ここではJavaScriptを記述する
際に入れておきたい拡張機能を説明します。

▶ Node.js コンポーネント

　VSCode単独ではJavaScriptを実行できません。実行環境がないとコードのデバッグもできません。そこで、
Node.jsを導入してVSCode上でJavaScriptを実行できる環境を構築します。
　VSCodeを起動して表示される「ようこそ」（ウェルカムページ）画面にNode.jsを導入するチュートリアルが
用意されています。それらを導入してNode.jsを用いたデバッグを行える状態を作りましょう。
　ウェルカムページの「JavaScriptとNode.jsの使用を開始する（Get started with JavaScript and Node.js）」
と書かれた箇所をクリックすると導入チュートリアルが開始されます。

● 「ようこそ」画面に用意されたチュートリアルのボタンをクリックします

ウィザード形式の画面が表示されます。

タスクは大きく4つに分かれており、Node.jsのインストールからテストコードをデバッグするという流れを体験できるようになっています。まずはNode.jsをインストールしましょう。「Node.jsのインストール」をクリックします。

●ウィザード形式で1つずつ対応を行っていくことでNode.jsでJavaScriptを実行できるようになります

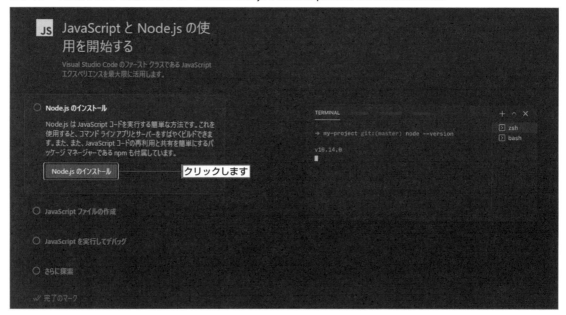

Node.jsは外部サイトからダウンロードする必要があるため、Webブラウザーが起動します。「信頼されたドメイン」として登録していない場合、次のようなメッセージが表示されます。「開く」ボタンをクリックして進めます。

●ダイアログで外部サイトにアクセスする旨が表示されます

インストーラーはNode.jsのサイトからダウンロードします。LTS（Long-Term Support：長期サポート版）モジュールが表示されます。該当OSのインストーラーをクリックしてください。

● LTSは長期サポートのモジュールです

ダウンロードされたファイルは「node-バージョン番号-モジュールタイプ」の形式です。ここではWindows版を例に説明を続けます。

ウィザード形式で、基本的に「Next」ボタンをクリックしていくだけでインストールできます。

● Node.jsのインストールウィザードは「Next」ボタンを押していけばインストールが完了します

「End User License Agreement」は契約の内容となっています。内容をよく読み、合意できるようであれば「I accept the terms in the License Agreement」にチェックを入れて「Next」ボタンをクリックしましょう。

● ライセンス規約は隅々まで読み込むことをお薦めします

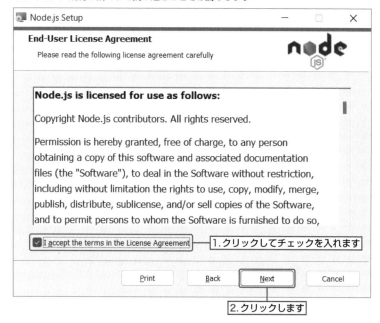

続いてインストール先を指定します。変更の必要性は少ないため、そのままインストールしていきましょう。この時設定したパスが環境変数に登録されます。

● インストール先の選択はそのままでよいでしょう

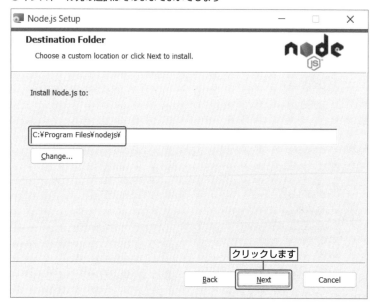

● 環境変数のPATHにインストール先が登録されます

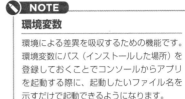

NOTE

環境変数

環境による差異を吸収するための機能です。環境変数にパス（インストールした場所）を登録しておくことでコンソールからアプリを起動する際に、起動したいファイル名を示すだけで起動できるようになります。

　インストールする機能詳細を決定します。変更せず、そのまま進めましょう。「corepack manager」を導入すると、後述するnpmなどのパッケージマネージャーを管理できるようになります。「npm package manager」はNode.jsに関連するパッケージを管理する機能です。corepackと似ていますが、corepackがnpmを管理するのに対して、npmはNode.jsで動作するパッケージの管理をするという違いがあります。

● すべてインストールする形で問題ありません

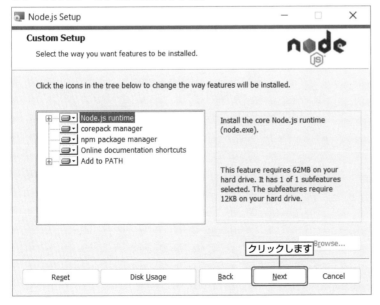

Part
6

利用シーン別の活用方法を徹底解説

「Automatically install.....」にチェックを入れておけばnpm package managerのインストールが自動的に始まります。Node.jsのみインストールしておきたい場合はそのままでもかまいません。

●npmが起動できる状態にしておきたい場合はチェックを入れておきましょう

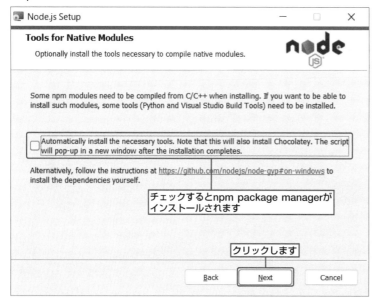

　これで設定は完了です。最後に「Install」ボタンをクリックすることでインストールが開始されます。

●「Install」ボタンを押すとインストールが進みます

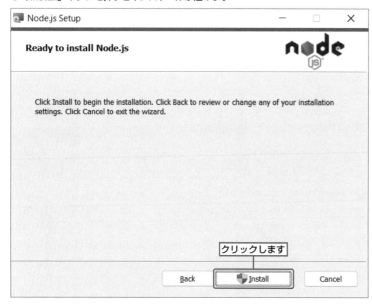

インストール時にはUAC（ユーザーアカウント制御）が起動します。インストールしてよければ「はい」ボタンをクリックします。

● システムインストールなのでUACが起動します

インストールが完了しました。「Finish」ボタンをクリックしてインストーラーを終了します。

● 正常にインストールが完了するとこの画面に遷移します

Node.jsを利用するには、パソコンの再起動が必要です。VSCodeを終了し、パソコンを再起動します。

再起動したらVSCodeを起動します。ウェルカムページの「Node.jsのインストール（Install Node.js）」にチェックマーク が入ってインストールが完了したことがわかります。

「JavaScript ファイルの作成（Create a JavaScript File）」を選択します。「JavaScript ファイルの作成（Create a JavaScript File）」ボタンをクリックするとサンプルファイルが自動生成されます。

●サンプルファイルが自動生成されます

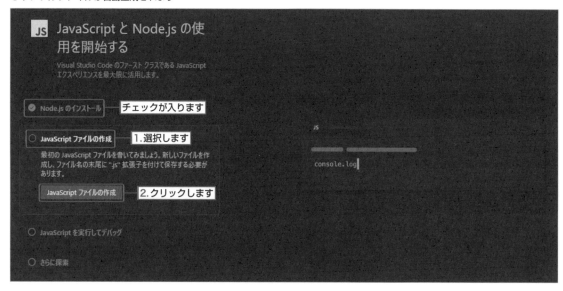

サンプルファイルは右側に表示され、hello world!をコンソールに表示するプログラムが完成しています。

●サンプルファイルが作成されました

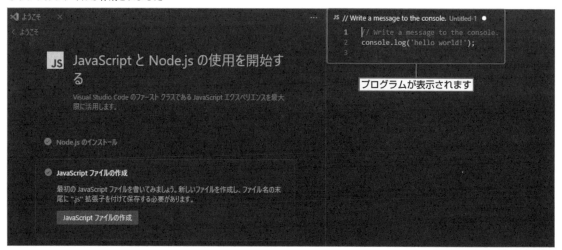

　自動生成されたサンプルファイルは保存されていないので、Ctrl＋Sキーを押して保存しましょう。ここでは「test.js」という名前を付けました。このファイルはJavaScriptファイルなので拡張子は .js としておきます。

● 保存ダイアログには開いているフォルダーが表示されます

　保存することで、エクスプローラーにtest.jsファイルが表示されるようになります。

● エクスプローラーに保存したファイルが表示されました

保存したファイル

　作業の開始画面に戻り「JavaScriptを実行してデバッグ（Run and Debug your JavaScript）」を選択して、「デバッグの開始（Start Debugging）」ボタンをクリックすると、先ほど保存したファイルを実行することができます。

Part
6

利用シーン別の活用方法を徹底解説

207

● 「デバックの開始（Start Debugging）」ボタンをクリックします

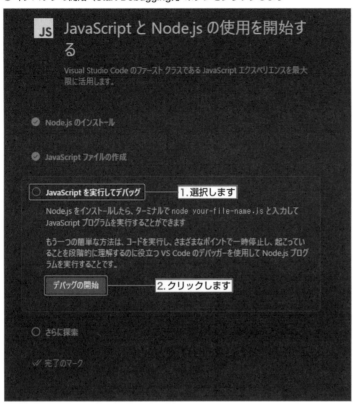

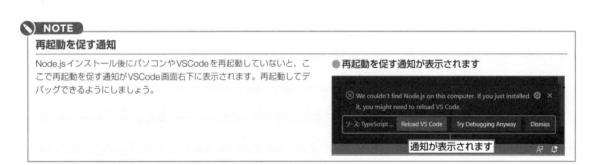
初回起動時は「デバッガーの選択」が表示されます。「Node.js」を選択します。

● デバッガーの選択ではNode.jsを選びましょう

最後にプログラムが実行され、デバッグコンソールに「hello world!」が表示されていれば成功です。

● デバッグが成功しました

これでNode.jsを利用する準備は整いました。

Node.jsの詳細な使用方法は、ウェルカムページの「さらに探索（Explore More）」から、learningサイトに移動することができます。こういったコンテンツを活用して、JavaScriptやNode.jsについて覚えていきましょう。

● 「詳細情報（Learn More）」ボタンをクリックするとコンテンツへ遷移します

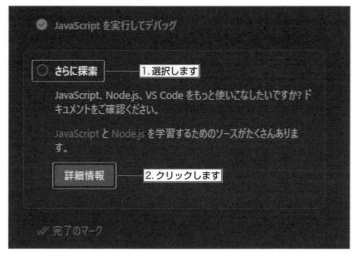

▶JavaScript and TypeScript Nightly

JavaScript開発に便利な拡張機能として、Microsoft社の「**JavaScript and TypeScript Nightly**」が挙げられます。この拡張機能をインストールしておくとJavaScriptでインテリセンス（入力支援）が利用できるようになるため、開発を主体としている場合はぜひ入れておきたい機能です。

機能拡張の一覧（ Ctrl + Shift + X キー）で「JavaScript and TypeScript Nightly」を検索し、「インストール」ボタンをクリックしてインストールします。

● JavaScript and TypeScript Nightly

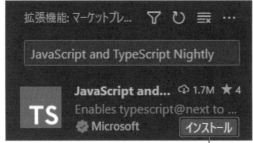

クリックしてインストールします

JavaScriptファイルを作成しコードを記述すると、インテリセンスが起動してコード入力を補助してくれます。

● インテリセンスがコード入力を補助してくれました

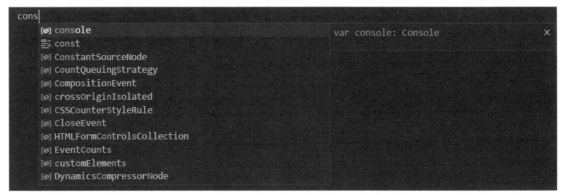

IaC プログラム開発

ここ数年「IaC（Infrastructure as Code）」という言葉が様々な場所で使われるようになっています。IaCはインフラをコードで構築しようという試みです。VSCodeではIaCに対応した追加機能を活用できます。インフラ構築の自動化だけでなく、関連ドキュメントの準備なども含めた対応を確認していきます。

✦ インフラのプログラム化で追加すべき拡張機能

▶Azure Terraform

VSCodeで**IaC**を行うにはいくつかの手段がありますが、ここではMicrosoft Learnでも取り上げられているTerraformを用いた方法を解説します。Microsoft社が提供する拡張機能「**Azure Terraform**」を利用するとTerraformを利用したIaCを手軽に扱うことができます。

VSCodeでTerraformを利用するには、Azure Terraformのインストールと同時に、拡張機能「**Azure Account**」のインストールと「Node.js」のインストール、そしてAzureサブスクリプションが必要です。Azureサブスクリプションは無料版で問題ありません。Node.jsのインストールはChapter 6-4で紹介しましたが、もしインストールしていなければChapter 6-4を参考にインストールしてください。

機能拡張の一覧（ Ctrl + Shift + X キー）で「Azure Terraform」を検索して「インストール」ボタンをクリックします。

●Azure Terraform

クリックしてインストールします

> **Azure**
>
> Microsoftが提供するパブリッククラウド環境です。MicrosoftのSaaSサービスはすべてAzure上に構築されており、そのAzure自身もIaaS、PaaSサービスとして一般ユーザーに提供されています。競合サービスにAmazonが提供する「AWS」などがあります。

Azure Account拡張機能はAzure Terraformをインストールすると同時にインストールされるため、個別に導入を意識する必要はありません。

●Azure Account

▶HashiCorp Terraform

Terraformを作成したHashiCorp社がリリースしている「**HashiCorp Terraform**」も入れておきたい拡張機能
です。HashiCorp Terraformは構文を色分けしてくれる機能を搭載しています。

機能拡張の一覧（ Ctrl + Shift + X キー）で「HashiCorp Terraform」を検索して「インストール」ボタンを
クリックします。

●HashiCorp Terraform

クリックしてインストールします

.tfファイル（Terraformの定義を記述したファイル）を作成する際に構文記述のサポートを行ってくれます。

●.tfファイルの色分けを行ってくれます

```
main.tf > resource "azurerm_resource_group" "rg"
1    provider "azurerm" {
2    features {}
3    }
4
5    resource "random_pet" "rg_name" {
6      prefix = var.resource_group_name_prefix
7    }
8
9    resource "azurerm_resource_group" "rg" {
10     location = var.resource_group_location
11     name     = random_pet.rg_name.id
12   }
13
14   variable "resource_group_location" {
15     default     = "eastus"
16     description = "Location of the resource group."
17   }
18
19   variable "resource_group_name_prefix" {
20     default     = "rg"
21     description = "Prefix of the resource group name that's combined with a random ID so name is unique in your Azure subscription."
22   }
23
24   output "resource_group_name" {
25     value = azurerm_resource_group.rg.name
26   }
```

他の言語と同様に Ctrl + Space キーでインテリセンス（入力支援）も表示されるようになるため、記述が大幅に楽になります。

● インテリセンス機能も利用できます

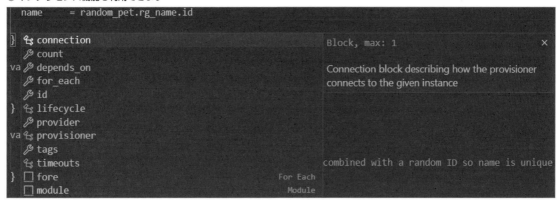

❖ インフラのプログラム化を便利にするテクニック

　Terraformを用いてAzure上にリソースグループを作成してみましょう。今回はAzureのリソースを作成していますが、TerraformはAWSもサポートしているので、やり方を覚えておけば他のクラウドでの応用が比較的簡単に行えます。

　コンソールから「Azure Cloud Shell (Bash)」を起動します。ここではBashを選んでいますが、PowerShellに慣れていればそちらでも問題ありません（構文が一部異なるので注意してください）。

● Azure Cloud Shell (Bash)を起動します

初回起動時はAzureへのサインインを促されます。画面に従って遷移していきましょう。「Sign In」ボタンを
クリックします。

● 初回は Azure にサインインが必要です

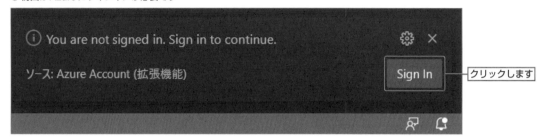

ブラウザーが開きます。ここではAzure（Microsoft）アカウントをすでに持っていることを前提に進めていま
す。新規作成もここから可能です。

● Azure へサインインします

サインインが完了したら、VSCodeの画面に戻りましょう。

● ブラウザーは閉じて問題ありません

　はじめて Azure の Cloud Shell にサインインする場合、ブラウザーからの操作が必要です。右下の通知よりブラウザーを起動します。

● 「Open」をクリックしブラウザーを起動します

● 外部サイトのため、確認が入ります

　ブラウザーが開き、Azure へのサインインが完了すると Azure Cloud Shell の初期設定画面が表示されます。
　「Bash」もしくは「PowerShell」を選択し、データ保存領域を作成します。Azure ストレージの課金が発生するため、複数のサブスクリプションを持っている場合はサブスクリプションに間違いがないことを確認したうえで「ストレージの作成」ボタンをクリックします。

● Azure Cloud Shellのシェルを選択します（ここでは「Bash」を選択）

● 「ストレージの作成」をクリックします

この後、ブラウザー上でShellが起動します。起動したらVSCodeを再起動し、再度Azure Cloud Shellを起動しましょう。すると、今度はVSCode上でAzure Cloud Shellが起動します。

● 再度「Azure Cloud Shell（Bash）」を選択します

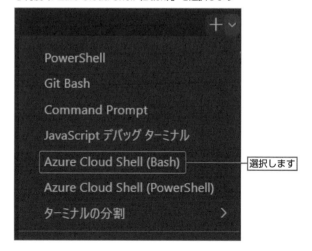

　Azure Cloud Shellが起動したら「terraform version」コマンドを実行します。このコマンドはTerraformの
バージョンを確認するものです。Azure Cloud ShellではTerraformが利用できるようになっています。バージョ
ンアップも自動で行われますが、最新のバージョンではないこともあるので、利用可能なバージョンを確認して
おきましょう。

```
terraform version
```

● Terraformのバージョンが少し古いケースがあります

```
問題   出力   デバッグ コンソール   ターミナル

Requesting a Cloud Shell...
Connecting terminal...
mohessu [ ~ ]$ terraform version
Terraform v1.3.2
on linux_amd64

Your version of Terraform is out of date! The latest version
is 1.3.5. You can update by downloading from https://www.terraform.io/downloads.html
mohessu [ ~ ]$
```

　これでTerraformが利用できる状態となりました。
　Terraformはインフラリソースをプログラムを書いて自動的に用意できるようにするためのツールなので、利
用するにはあらかじめコードを記述する必要があります。
　例えば次のプログラムコードを用いると、ランダムな名称でAzureのリソースグループを自動で生成すること
ができます。

```
                                                              CreateResourceGroup.tf
provider "azurerm" {
features {}
}

resource "random_pet" "rg_name" {
  prefix = var.resource_group_name_prefix
}

resource "azurerm_resource_group" "rg" {
  location = var.resource_group_location
  name     = random_pet.rg_name.id
}

variable "resource_group_location" {
  default     = "eastus"
  description = "Location of the resource group."
```

```
}

variable "resource_group_name_prefix" {
  default     = "rg"
  description = "Prefix of the resource group name that's combined with a random
ID so name is unique in your Azure subscription."
}

output "resource_group_name" {
  value = azurerm_resource_group.rg.name
}
```

このコードを、拡張子「.tf」のファイルに記述して保存すると準備は完了です。

● Terraform ファイル（tfファイル）を作成し保存します

```
エクスプローラー          ...    main.tf    ×
∨ VSIAC              main.tf
   main.tf           1    provider "azurerm" {
                     2      features {}
                     3    }
                     4
                     5    resource "random_pet" "rg_name" {
                     6      prefix = var.resource_group_name_prefix
                     7    }
                     8
                     9    resource "azurerm_resource_group" "rg" {
                    10      location = var.resource_group_location
                    11      name     = random_pet.rg_name.id
                    12    }
                    13
                    14    variable "resource_group_location" {
                    15      default     = "eastus"
                    16      description = "Location of the resource group."
                    17    }
                    18
                    19    variable "resource_group_name_prefix" {
                    20      default     = "rg"
                    21      description = "Prefix of the resource group name that's combined with a random ID so name is unique in your Azure subscription."
                    22    }
                    23
                    24    output "resource_group_name" {
                    25      value = azurerm_resource_group.rg.name
                    26    }
```

保存後はコマンドパレットからAzureにこのプログラムを読み込ませます。読み込ませるためにCloud Shell
を利用します。

● コマンドパレットにPushを入力します

新たに Cloud Shell の起動を求める通知が表示されます。「OK」ボタンをクリックして起動しましょう。

● 新しい Cloud Shell を起動します

「push」は Azure 上に tf ファイルをアップロードするコマンドです。完了すると同期されたことが通知されます。

● アップロードが完了すると同期された旨が通知されます

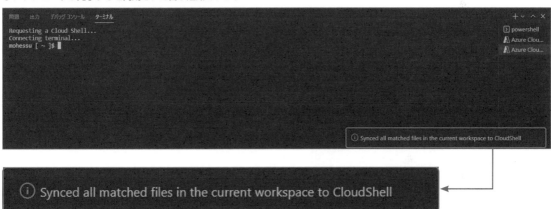

続いて Terraform の初期化を行います。コマンドパレットに「Azure Terraform: Init」と入力します。

```
Azure Terraform: Init
```

● コマンドパレットに Init を入力します

構文誤りがないかなどが確認されます。Init では必要となるモジュールの準備などが行われます。

●問題がなければ緑色で応答が返ってきます

```
mohessu [ ~/clouddrive/VSIaC ]$ cd "$HOME/clouddrive/VSIaC"
mohessu [ ~/clouddrive/VSIaC ]$ terraform init

Initializing the backend...

Initializing provider plugins...
- Reusing previous version of hashicorp/random from the dependency lock file
- Reusing previous version of hashicorp/azurerm from the dependency lock file
- Using previously-installed hashicorp/random v3.4.3
- Using previously-installed hashicorp/azurerm v3.32.0

Terraform has been successfully initialized!

You may now begin working with Terraform. Try running "terraform plan" to see
any changes that are required for your infrastructure. All Terraform commands
should now work.

If you ever set or change modules or backend configuration for Terraform,
rerun this command to reinitialize your working directory. If you forget, other
commands will detect it and remind you to do so if necessary.
```

続けて実行プランを作成するため、コマンドパレットで「Azure Terraform: Plan」を入力します。

Azure Terraform: Plan

●コマンドパレットにPlanを入力します

実行プラン作成では、過去に構成された環境との差異をチェックし、実行する箇所の特定を自動で行ってくれます。

● 実行プランの中で前回からの変更点を自動チェックします

```
mohessu [ ~/clouddrive/VSIaC ]$ cd "$HOME/clouddrive/VSIaC"
mohessu [ ~/clouddrive/VSIaC ]$ terraform plan

Terraform used the selected providers to generate the following execution plan. Resource actions are indicated with the following symbols:
  + create

  # random_pet.rg_name will be created
  + resource "random_pet" "rg_name" {
      + id        = (known after apply)
      + length    = 2
      + prefix    = "rg"
      + separator = "-"
    }

Plan: 2 to add, 0 to change, 0 to destroy.

Changes to Outputs:
  + resource_group_name = (known after apply)


Note: You didn't use the -out option to save this plan, so Terraform can't guarantee to take exactly these actions if you run "terraform apply"
now.
mohessu [ ~/clouddrive/VSIaC ]$ █
```

最後にコマンドパレットで「Azure Terraform: Apply」コマンドを実行することでAzureの環境が構築されます。

Azure Terraform: Apply

● コマンドパレットにApplyを入力します

コマンド入力後、再度問題がないか確認を促されます。問題なければ「yes」と入力しましょう。

● 最終確認が行われるので「yes」と入力していきましょう

```
mohessu [ ~/clouddrive/VSIaC ]$ cd "$HOME/clouddrive/VSIaC"
mohessu [ ~/clouddrive/VSIaC ]$ terraform apply

mohessu [ ~/clouddrive/VSIaC ]$ cd "$HOME/clouddrive/VSIaC"
mohessu [ ~/clouddrive/VSIaC ]$ cd "$HOME/clouddrive/VSIaC"
mohessu [ ~/clouddrive/VSIaC ]$ cd "$HOME/clouddrive/VSIaC"
mohessu [ ~/clouddrive/VSIaC ]$ cd "$HOME/clouddrive/VSIaC"

  # azurerm_resource_group.rg will be created
  + resource "azurerm_resource_group" "rg" {
      + id       = (known after apply)
      + location = "eastus"
      + name     = (known after apply)
    }

  # random_pet.rg_name will be created
  + resource "random_pet" "rg_name" {
      + id        = (known after apply)
      + length    = 2
      + prefix    = "rg"
      + separator = "-"
    }

Plan: 2 to add, 0 to change, 0 to destroy.

Changes to Outputs:
  + resource_group_name = (known after apply)

Do you want to perform these actions?
  Terraform will perform the actions described above.
  Only 'yes' will be accepted to approve.

  Enter a value: yes      入力します
```

これでAzureに新しいリソースグループが作成されました。

● コマンドが終了すると作成されたリソースグループ名が表示されます

```
  Enter a value: yes

Failed to resize terminal.
random_pet.rg_name: Creating...
random_pet.rg_name: Creation complete after 0s [id=rg-novel-wallaby]
azurerm_resource_group.rg: Creating...
azurerm_resource_group.rg: Creation complete after 7s [id=/subscriptions /resourceGroups/rg-novel-wallaby]

Apply complete! Resources: 2 added, 0 changed, 0 destroyed.

Outputs:

resource_group_name = "rg-novel-wallaby"
mohessu [ ~/clouddrive/VSIaC ]$
```

実際にブラウザーでAzureのポータル画面に移動し、リソースグループをチェックしてみましょう。

Azure Cloud Shell 上に書かれたリソースグループが作成されていることがわかります。

● リソースグループが作成されていました

今回はリソースグループを作成しただけですが、Terraform では実際に動作するサーバーの作成や GitHub からのデプロイなど環境構築を一手に実行させることができます。複数人で開発を行うなど、環境を準備するケースが多い場合はこういったツールを活用することで作業量を大幅に削減することができます。

例えば、次のコードではサブネットの作成や Linux サーバーの Web Apps を作成しています。

```
                                                        CreateWebAppsTypeofLinux.tf
terraform {
  required_providers {
    azurerm = {
      source  = "hashicorp/azurerm"
      version = "~> 3.0"
    }
  }
}
provider "azurerm" {
  features {}
}

variable "resource_group_location" {
  default     = "Japan East"
```

```
  description = "Location of the resource group."
}

variable "resource_group_name_prefix" {
  default     = "rg"
  description = "Prefix of the resource group name that's combined with a random
ID so name is unique in your Azure subscription."
}

output "resource_group_name" {
  value = azurerm_resource_group.rg.name
}

# Generate a random integer to create a globally unique name
resource "random_integer" "ri" {
  min = 10000
  max = 99999
}

resource "random_pet" "rg_name" {
  prefix = var.resource_group_name_prefix
}

resource "azurerm_resource_group" "rg" {
  location = var.resource_group_location
  name     = "${random_pet.rg_name.id}-${random_integer.ri.result}"
}

resource "azurerm_virtual_network" "network" {
    name                = "Network-${random_integer.ri.result}"
    address_space       = ["10.10.0.0/16"]
    location = var.resource_group_location
    resource_group_name = azurerm_resource_group.rg.name
}

resource "azurerm_subnet" "subnet" {
    name                = "SubNet-${random_integer.ri.result}"
    resource_group_name = azurerm_resource_group.rg.name
    virtual_network_name = azurerm_virtual_network.network.name
    address_prefixes    = ["10.10.1.0/24"]
}

# Create the Linux App Service Plan
resource "azurerm_service_plan" "appserviceplan" {
  name                = "webapp-asp-${random_integer.ri.result}"
  location            = var.resource_group_location
  resource_group_name = azurerm_resource_group.rg.name
  os_type             = "Linux"
  sku_name            = "F1"
}
```

```
# Create the web app, pass in the App Service Plan ID
resource "azurerm_linux_web_app" "webapp" {
  name                   = "webapp-${random_integer.ri.result}"
  location               = var.resource_group_location
  resource_group_name    = azurerm_resource_group.rg.name
  service_plan_id        = azurerm_service_plan.appserviceplan.id
  https_only             = true

  site_config {
    minimum_tls_version = "1.2"
    always_on = false
  }
}
```

　他にも様々な利用法がありますので、Terraformの詳細な使用方法はHashiCorpのドキュメントを参照してください。

https://developer.hashicorp.com/terraform/tutorials/azure-get-started

❖ Terraformのエラーが発生したら

　よくある問題として、アカウントのサインインが有効期限切れを起こし、うまく起動しないといったことがあります。この状態になった場合は、Azure Cloud Shellで「az login」コマンドを実行し再度サインイン状態を復元しましょう。

● 「Response 400」エラーは頻繁に見られるエラーです

```
[Error]: building account: getting authenticated object ID: parsing json result from the Azure CLI: waiting for the Azure CLI: exit status 1: ERROR:
Failed to connect to MSI. Please make sure MSI is configured correctly.
Get Token request returned: [<Response [400]>]
```

● 「az login」で再度認証を行いましょう

```
mohessu [ ~ ]$ az login
Cloud Shell is automatically authenticated under the initial account signed-in with. Run 'az login' only if you need to use a different account
To sign in, use a web browser to open the page https://microsoft.com/devicelogin and enter the code[        ] to authenticate.
```

コピーします

　認証時はaz loginコマンドの結果に表示されたコードをブラウザー画面に入力する必要があります。コードは文章の最後のほうに書かれているので、コピーして入力を行いましょう。

●サインインではなく、コードの入力を行っていきます

●コードの入力が完了したら、現在のサインイン状態の確認などを経てウィンドウを閉じるようアナウンスされます

ツールとして活用

ここまでコード開発を中心にVSCodeを活用する方法を解説してきました。しかし、VSCodeはコード関連機能以外にも広く活用できます。ここでは、言語に依存しない拡張機能や、コード開発とは関連しない拡張機能を解説していきます。

❖ 追加すべき拡張機能

　ここで紹介する機能はプログラム言語にかかわらず利用できるものです。コードを書く際にサポートしてくれる機能、あるいはコードとは関連しないような機能まで幅広く紹介します。自分の利用ケースを想定しながら、導入を検討してみましょう。

▶vscode-random

Jorge Rebochoの「**vscode-random**」はランダムな値を作るための拡張機能です。
　機能拡張の一覧（ Ctrl ＋ Shift ＋ X キー）で「vscode-random」を検索して「インストール」ボタンをクリックします。

● vscode-random

クリックしてインストールします

インストール後にコマンドパレットから「random」と入力するとvscode-randomの項目が表示されます。

● コマンド パレットに vscode-random の項目が表示されます

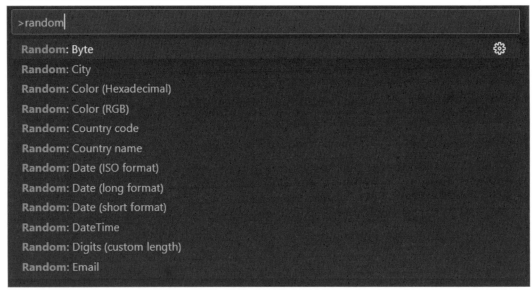

ランダムに表示される内容はアルファベット中心で、日本語対応はしていません。しかしながら、簡単なデモデータを作成する際に役に立ちます。

中でも「Random:randomRegEx」は、コマンド入力後に続けて正規表現を入力することで、それに準じたランダムな文字列を応答してくれる機能です。自分で決めた規則に従ってランダム値を作れるため、コード値のテストケースを作成する際などに活用できます。

次の表は、vscode-random で「Random:」に続けて利用できるコマンドの一覧です。

● 選択可能な項目とその生成例

コマンド	説　明	生成例
Byte	バイト	99
City	都市名	Fegerago
Color	Hex表記とRGB表から選択可能	#5A90C2 rgb(29,211,107)
Country	Code、Nameから選択可能	KZ Turkey
Date	ISO、Short、Longから選択可能 選択後、年を選ぶ必要あり	2022-09-14T18:02:46+09:00 12/03/2022 Thursday, 15 December 2022
DateTime	時間を含んだ年月 選択後、年を選ぶ必要あり	06/03/2022 12:58:03
Digits	10進数 選択後、桁数を入力する必要あり	04659
Email	メールアドレス	zo@izuburkol.ci
Guid	GUID	aea00ea8-2e33-5624-b93d-1f988c1f6034
IBAN	国際銀行口座番号	OJ90HMBJ6695128081104896
Intager	範囲指定も可能	1631466449

コマンド	説　明	生成例
IP	IPv4、IPv6から選択可能	104.201.209.205 461b:f647:d311:72b4:9b5a:402d:2a6e:ba32
Letters	ランダム文字列 指定なし、Uppercace, Lowercaceを選択可能 選択後、桁数指定の必要あり	sDspKFu DJKSC vcnali
Letters & Digits	ランダム文字＋数値列 指定なし、Uppercace, Lowercaceを選択可能 選択後、桁数指定の必要あり	c6eg4navk3 LK3S6FJA tu8io2g
Long	ロング値	1375505806786560
Name	人名	Irene Reed
randomRegEx	ランダムな文字列 選択後、正規表現を入力する	dmzaZ"!-L)m=_1/
Phone number	電話番号	(221) 980-8443
Rest seed	ランダム生成用シード値のリセット	-
Sample	サンプリング出力 選択後、出力したい値の一覧を入力する	c
Short	ショート値	14355
Street Address	住所	226 Lethu Turnpike
Time	時間	10:28:54
Url	HTTPのURL	http://pejfav.pw/kog

▶Sort lines

Daniel Immsの「**Sort lines**」は各行を並び替えるときに活用できる拡張機能です。

機能拡張の一覧（ Ctrl + Shift + X キー）で「sort lines」を検索して「インストール」ボタンをクリックします。

入力した文字列を選択し、F9 キーを押すと昇順にソートしてくれます。F9 キーでは大文字小文字を区別したソートになります。

● Sort lines

クリックしてインストールします

● この文字列を選択し F9 キーを押してみましょう

選択して F9 キーを押します

● 昇順にソートされました

そのほかにもコマンドパレットで「sort lines」と入力することでソート方法を選択できます。文字列長順や重複を削除しながらソートする機能などは利用頻度が高いでしょう。

● 並び替え方法は多種用意されています

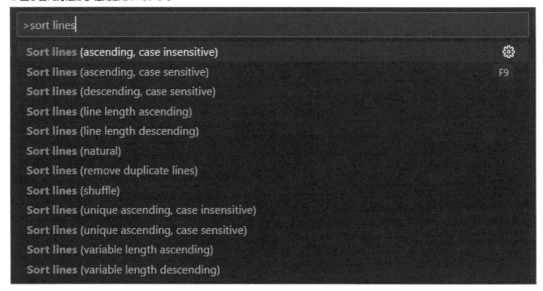

● 選択可能なコマンド

コマンド	説　明
ascending, case insensitive	大文字小文字を区別しない昇順
ascending, case sensitive	大文字小文字を区別した昇順
descending, case sensitive	大文字小文字を区別しない降順
line length ascending	文字列長昇順（バイト単位）
line length descending	文字列長降順（バイト単位）
natural	アルファベット順
remove duplicate lines	重複削除
shuffle	ランダム並び替え
unique ascending, case insensitive	重複削除昇順（大文字小文字を区別しない）
unique ascending, case sensitive	重複削除昇順（大文字小文字を区別）
variable length ascending	文字列長昇順（文字数単位）
variable length descending	文字列長降順（文字数単位）

▶ テキスト校正くん

ICSの「**テキスト校正くん**」は日本語のゆらぎを補正してくれる画期的な拡張機能です。
　機能拡張の一覧（ Ctrl ＋ Shift ＋ X キー）で「テキスト校正くん」を検索して「インストール」ボタンをクリックします。

● テキスト校正くん

日本語を入力したテキストやmarkdownで利用することができ、文章の校正を行ってくれます。

ら抜き言葉や二重否定など、誤りがちな文章についてアラートを上げてくれるため、文章作成の効率化が期待できます。Wordなどで行える校正の簡易版と思えばよいでしょう。

● 補正対象の一例

補正対象
「ですます」調と「である」調の混在
ら抜き言葉
二重否定
同じ助詞/接続詞の連続使用
逆接の接続助詞「が」の連続使用
全角と半角アルファベットの混在
弱い日本語表現の利用（〜かもしれない）
読点の多用（1文に4つまで）
ウェブの用語や名称の表記統一 （Javascript→JavaScript、Github→GitHub等）
漢字の閉じ方、開き方（下さい→ください、出来る→できる等）

● 補正が必要なときは波線で知らせてくれます

> ら抜き言葉を使用しています。（japanese/no-dropping-the-ra）テキスト校正くん(japanese/no-dropping-the-ra)
>
> 問題の表示 (Alt+F8)　利用できるクイックフィックスはありません
>
> たべれるといった言葉はどうだろう

▶ Markdown 関連の拡張機能

MarkdownはHTMLなどのマークアップ言語に対して作られた記法です。マークアップ言語ではタグを用いて文字の境界を定義するのに対し、Markdownは行を1つの境界として、簡易に段落などを表記できる記法となっています。

Yu Zhangの「**Markdown All in One**」はMarkdown記法を解釈してくれる拡張機能です。拡張子が.mdとなっているファイルで有効となり、markdown向けのキーボードショートカットを提供してくれます。

機能拡張の一覧（ Ctrl + Shift + X キー）で「Markdown All in One」を検索して「インストール」ボタンをクリックします。

● Markdown All in One

クリックしてインストールします

● 主なショートカットキー

ショートカットキー	実行内容
Ctrl + B キー	太字
Ctrl + I キー	斜体
Ctrl + Shift +] キー	見出しの切り替え（アップ）
Ctrl + Shift + [キー	見出しの切り替え（ダウン）
Alt + C キー	チェックボックスの切り替え
Ctrl + V キー	リンクの設定
リスト + Alt キー	リスト編集
Alt + Shift + F キー	表の整形
Ctrl + Shift + V キー	プレビューを表示
Ctrl + K , V キー	サイドにプレビュー表示

● サイドにプレビューを表示した場合

Markdownを扱う場合、Yiyi Wangの「**Markdown Preview Enhanced**」も一緒に入れておきたい拡張機能です。この機能を用いるとMarkdownのプレビューがよりきれいに表示されるようになります。

　機能拡張の一覧（ Ctrl ＋ Shift ＋ X キー）で「Markdown Preview Enhanced」を検索して「インストール」
ボタンをクリックします。

●Markdown Preview Enhanced

アウトラインの表示なども行えるようになるため、Markdownで文章を書くときに重宝します。

●プレビューがよりグラフィカルになりました

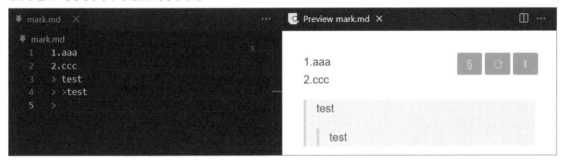

　Markdown Preview Enhancedは日本語の説明サイトが優秀で、表記法の詳細な説明を日本語で読むことがで
きることも特徴です。
　Markdownを覚えたい場合はこのサイトを一読しておくとよいでしょう。

> https://shd101wyy.github.io/markdown-preview-enhanced/#/ja-jp/

　MarkDown関連の拡張機能として、David Ansonの「**markdownlint**」も導入しておきましょう。
Markdownlintは構文チェックを行ってくれる拡張機能です。
　機能拡張の一覧（ Ctrl ＋ Shift ＋ X キー）で「markdownlint」を検索して「インストール」ボタンをクリッ
クします。

● Markdownlint

クリックしてインストールします

　Markdown文章として正しい状態となっているか、一目でわかるようになります。例えばMD041が表示された場合は最初の行がヘッダーとなっていないということを表しています。先頭に「#」をつけ、ヘッダーであることを付け加えましょう。

● 問題のある構文は波線が引かれるので修正を行いやすくなります

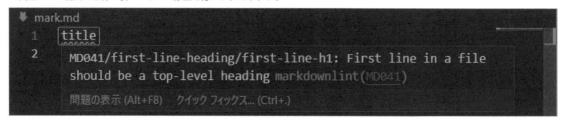

▶ Marp for VS Code

　Marp teamから提供されている「**Marp for VS Code**」は、PowerPointスライドのようなものをコードで作り出すことができる機能です。Markdown構文での記述をそのままスライドに変換できるため、追加で改ページなどいくつかの構文を覚えるだけで使いこなすことが可能です。
　機能拡張の一覧（Ctrl + Shift + X キー）で「Marp for VS Code」を検索して「インストール」ボタンをクリックします。

● Marp for VS Code

クリックしてインストールします

　Marp ファイルを作成するには、[Ctrl] + [Alt] + [Win] + [N] キーを押して表示される「Marp Markdown」をクリックしましょう。.mdの拡張子ファイルが作成されます。

●新しいファイルの作成に Marp Markdown が表示されるようになりました

クリックします

　Marpの利用サンプルを見たい場合は、次のURLにブラウザでアクセスして「Show Markdown example」をクリックすると表示されるサンプルをコピーして貼り付けてみましょう。

　■ Marp のサイト
　https://marp.app/

●Marp のサイト

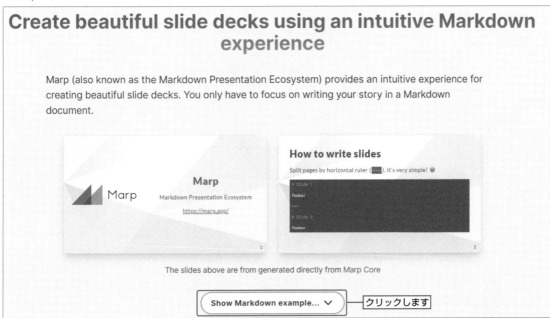

●サンプルMarkdownコード

サンプルコードではgaiaというテーマを用い、バックグラウンド画像などを配したスライドを作成しています。「---」での改ページや構文の影響範囲などを覚えておけば一通りは作成できるようになります。

●構文の影響範囲（出典：https://marpit.marp.app/directives）

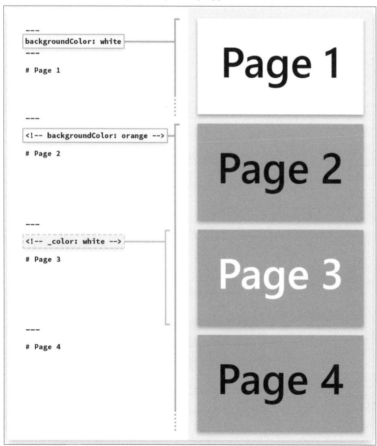

Marpには、プレビュー画面でどのようなスライドになったかを確認する機能もあります。
スライドデータを記述したら Ctrl + K ➡ V キーと押していきましょう。プレビューを表示できます。

● 文章を書いたらプレビューを表示してみましょう

```
marp.md 2 ✕      Preview marp.md
marp.md > ABC ---
 1    ---
 2    marp: true
 3
 4    theme: gaia
 5    _class: lead
 6    paginate: true
 7    backgroundColor: #fff
 8    backgroundImage: url('https://marp.app/assets/hero-background.svg')
 9    ---
10
11    ![bg left:40% 80%](https://marp.app/assets/marp.svg)
12
13    # **Marp**
14
15    Markdown Presentation Ecosystem
16
17    https://marp.app/
18
19    ---
20
21    # How to write slides
22
23    Split pages by horizontal ruler (`---`). It's very simple! :satisfied:
24
25    ```markdown
26    # Slide 1
27
28    foobar
29
30    ---
31
32    # Slide 2
33
34    foobar
35    ```
36
```

このように簡単にスライドを作成することができました。

Marpでは配置などをあまり意識することなくスライドを作成できるので、内容に注力できることが一番の利点です。

●スライドの内容に注力した作成を行えます

▶Draw.io Integration

Henning Dieterichsの「**Draw.io Integration**」はインフラドキュメントを記述するときに役に立つ拡張機能です。この拡張機能はdiagrams.netというサイトで利用可能な画像生成ツールをVSCode上で利用できるようにしたものです。Azureの機能をアイコンとして表現できるため、これを活用して構成図などを作成できるようになります。

機能拡張の一覧（ Ctrl ＋ Shift ＋ X キー）で「Draw.io Integration」を検索して「インストール」ボタンをクリックします。

●Draw.io Integration

拡張機能をインストールし、拡張子を「.drawio」としたファイルを作成するとデザイナーが起動します。起動したデザイナーの画面左側にあるアイコン一覧からキャンバスにドラッグするだけでアイコンを配置できます。

初期状態ではAzure関連のアイコンは表示されていません。「＋その他の図形」をクリックしてアイコンの追加を行っていきましょう。

● デザイナーの画面

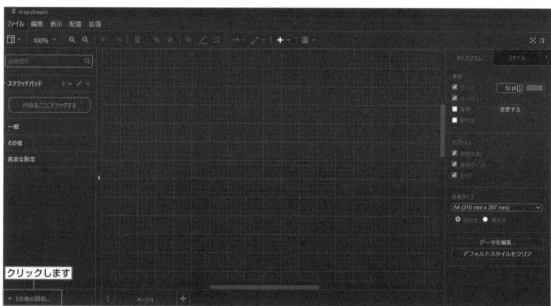

「ネットワーク」カテゴリにAzure関連の項目が含まれています。そのほかMicrosoft系のアイコンとしては、「ソフトウェア」カテゴリに入っている「Active Directory」も利用しやすいので、追加しておくことをお薦めします。

● 図形ダイアログから「Azure」を選択します

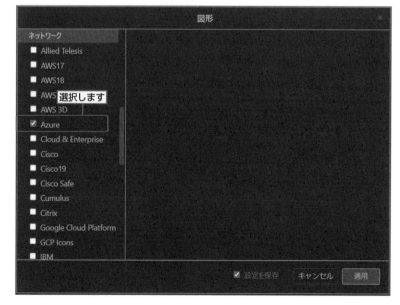

これでAzure関連のアイコンが利用できるようになりました。Azureアイコンはサブカテゴリに分かれているため、たくさんあるアイコンから探し出すことも容易です。

draw.ioはアイコン間の接続線をドラックでつけることができるので、構成図や関係図をクリックだけで作成できるようになります。

● このような図を簡単に作成できます

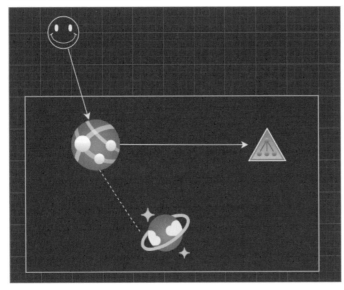

● Azureのアイコンが利用できます

▶Azure関連

Microsoft Azureを利用している場合、Microsoftが提供している「**Azure Resources**」と「**Azure App Service**」もおすすめの拡張機能です。これらをインストールしておくとAzure上のオブジェクトを確認することができるようになります。

機能拡張の一覧（Ctrl＋Shift＋Xキー）で「Azure Resources」と「Azure App Service」を検索して「インストール」ボタンをクリックします。

● Azure Resources

クリックしてインストールします

● Azure App Service

クリックしてインストールします

この拡張機能をインストールすると、アクティビティバーにAzureアイコン🅰️が追加されます。これを選択するとAzure上のサブスクリプションごとに作成したインスタンスを確認できるようになります。ResourcesはAzureのディスク領域であるStorageに格納されているものを、App Servicesは作成したアプリをそれぞれ一覧表示できるようになります。

特にResourcesをインストールしておけばStorageの内容を見ることができるため、Azureを用いた開発を行っている場合は導入必須といっても過言ではないでしょう。

なお、利用するにはAzureにサインインする必要があります。

●Azureの中身を一覧表示することができます

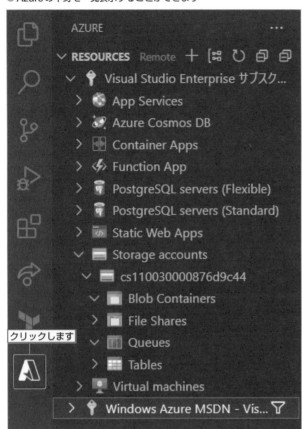

242

Part 7

AIチャットで
快適な開発環境を構築しよう

数年前まで大量のデータを効率的に処理するために利用されていたAIですが、VSCodeは近年劇的に進化したAIも取り入れプログラミングに活用できるようになりました。Part7ではその中でも革新的といわれるAIチャット「ChatGPT」をVSCodeで利用するための方法を学んでいきます。

ChatGPTを
VSCodeで活用する準備

「ChatGPT」はOpenAIが開発する会話可能なAIです。対話形式で質問に答え、回答に間違いがあった場合は修正し、誤った前提があれば異議を唱え、不適切な要求のときには拒否をするといったことができるようになったチャットボットです。ここではChatGPTをVSCodeで利用するための環境構築を行います。

❖ 利用するまでの手順

「ChatGPT」は2022年11月に発表され2023年2月にリリースし、瞬く間に世界中で活用方法について議論が巻き起こっているAIチャットです。プログラミングと親和性が高いと言われ、VSCodeと連携する拡張機能もリリースされています。ChatGPTを利用した拡張機能をVSCodeに組み込むことで、コードから様々な応答を作りだすことができるようになります。

ChatGPTを利用するためには、OpenAIのアカウントが必要です。OpenAIのサービスは大半が有償サービスですが、ChatGPTは無料で利用できるFree Planが用意されています。有料プランであるChat GPT Plusと比べるとピーク時はレスポンスや可用性が低くなりますが、活用可否を確認する程度には問題なく活用できます。。

ChatGPTを利用するまでの流れは「OpenAIユーザーの作成」「VSCode拡張機能のインストール」「OpenAI API Keyの取得」「設定」です。

▶OpenAI ユーザーの作成を行う

OpenAIのユーザーを作成します。次のURLへブラウザーでアクセスしてログイン画面を表示します。

```
https://chat.openai.com/auth/login
```

ログイン画面では「Log in」ボタンと「Sign up」ボタンがあります。ユーザー作成の場合は「Sign up」ボタンをクリックします。

● ログイン画面では「Sign up」ボタンをクリックしましょう

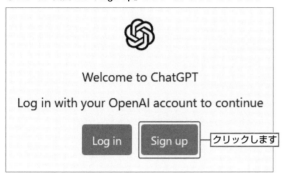

ユーザー作成を行います。OpenAIはフェデレーション（複数サービス間のユーザー認証連携）に対応しているため、OpenAI以外にGoogleおよびMicrosoftアカウントからアカウントの種類を選択できます。VSCodeを利用している場合はMicrosoftアカウントがあるはずなので、これを利用してみましょう。「Continue with Microsoft Account」をクリックしてください。

なお、Microsoft Accountは個人のアカウントのみが利用可能となっており、組織アカウントではアクセスできないので注意が必要です。

> **NOTE**
>
> **フェデレーション**
>
> 複数サービス間で認証を連携する機能です。例えばMicrosoft Accountにサインインしていれば、ほかの連携したシステムにもサインインしたことにできます。一般に、連携したシステム側のアカウント作成時に連携も同時に行います。
> Microsoft Account以外にもGoogleアカウントやFacebookアカウントなど、多くのSNS系のアカウントでフェデレーションが行えます。

● 3種類のアカウントから選べます

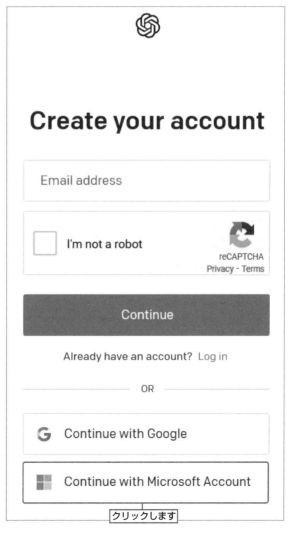

Part
7

AIチャットで快適な開発環境を構築しよう

IDを入力し、サインインを行いましょう。

● サインイン方法は連携方法により異なります

サインインしたら名前の入力です。「First name（名）」、「Last name（苗字）」を入力し、「Continue」ボタンをクリックしましょう。なお、利用規約の確認もこの画面で行います。利用においては18歳以上であることが条件となっています

● 利用においては18歳以上であることが条件となっています

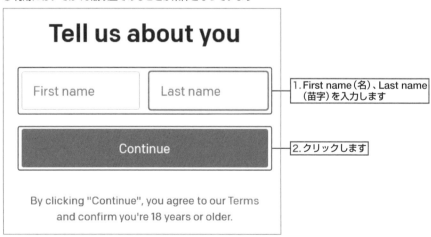

　電話番号を入力します。この電話番号あてに確認コードが送付されるため、SMSが受信可能な番号である必要があります。番号は国際形式です。日本の国番号が81なので、81を入力すると左側に日本国旗が表示されます。続けて電話番号先頭の0を除いた電話番号を入力し「Send code」ボタンをクリックしましょう。

● 日本の国番号は81となります

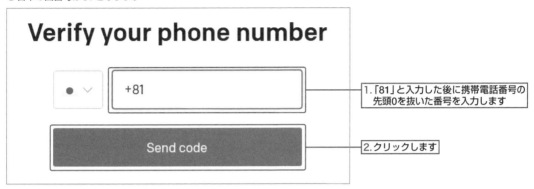

　上記番号にSMSで6桁の番号が通知されます。この番号を入力します。

● SMSに送付されたコードを入力します

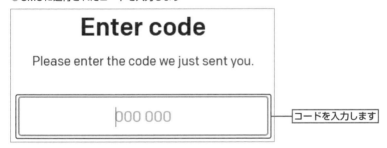

　コードを入力すると準備は完了です。そのままChatGPTの画面に切り替わり、チュートリアルが表示されます。チュートリアルは全部で3ページです。

● ChatGPTチュートリアル1ページ目

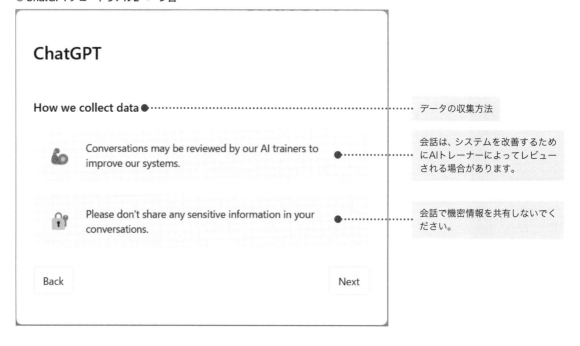

ChatGPT

This is a free research preview. ●┈┈┈┈┈┈┈┈┈┈┈┈┈┈┈┈┈┈┈ これは無料の研究プレビューです。

Our goal is to get external feedback in order to improve our systems and make them safer. ●┈┈┈┈┈┈ 私たちの目標は、システムを改善し、より安全にするために、外部からのフィードバックを得ることです。

While we have safeguards in place, the system may occasionally generate incorrect or misleading information and produce offensive or biased content. It is not intended to give advice. ●┈┈┈┈┈┈ Googleでは安全対策を講じていますが、システムによって不正確または誤解を招く情報が生成され、攻撃的または偏向したコンテンツが生成されることがあります。アドバイスをすることを意図したものではありません。

Next

● ChatGPTチュートリアル2ページ目

ChatGPT

How we collect data ●┈┈┈┈┈┈┈┈┈┈┈┈┈┈┈┈┈┈┈┈ データの収集方法

Conversations may be reviewed by our AI trainers to improve our systems. ●┈┈┈┈┈┈ 会話は、システムを改善するためにAIトレーナーによってレビューされる場合があります。

Please don't share any sensitive information in your conversations. ●┈┈┈┈┈┈ 会話で機密情報を共有しないでください。

Back   Next

● ChatGPTチュートリアル3ページ目

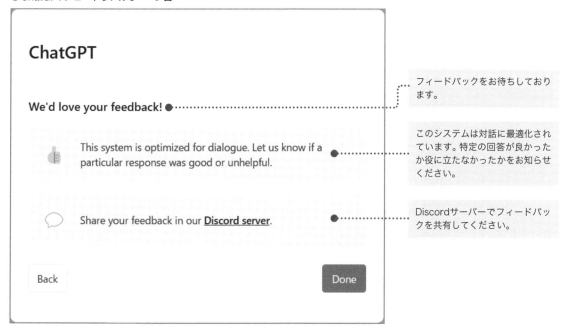

フィードバックをお待ちしております。

このシステムは対話に最適化されています。特定の回答が良かったか役に立たなかったかをお知らせください。

Discordサーバーでフィードバックを共有してください。

チュートリアルが終わるとブラウザー上からChatGPTを利用できるようになります。

注意したいのは、チュートリアルにもあったように入力内容がAIの学習に利用されることです。そのため、機密情報などの入力は避けましょう。

● ChatGPT利用画面

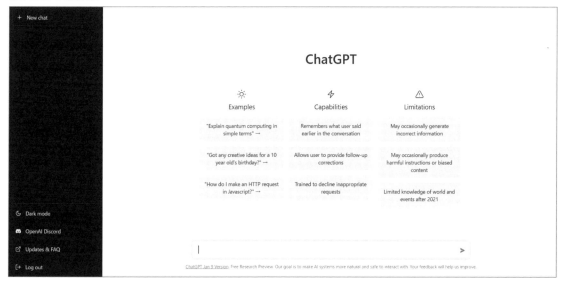

❖ ChatGPT拡張機能のインストール

VSCodeにChatGPTの拡張機能をインストールします。

VSCodeでChatGPTを利用するための拡張機能は複数社からリリースされていますが、Ali Gençayの「**ChatGPT**」が設定もしやすくお薦めです。

機能拡張の一覧（ Ctrl ＋ Shift ＋ X キー）で「ChatGPT」を検索して「インストール」ボタンをクリックします。

● Ali Gençay ChatGPT

クリックしてインストールします

Ali GençayのChatGPTは、専用のウィンドウにChatGPTの結果を表示する拡張機能です。ブラウザーを開くことなくVSCodeでChatGPTにアクセスできます。

● Ali Gençay ChatGPTは専用ウィンドウで操作します

　インストールを終えたらログイン設定などの各種設定を行います。ChatGPTの🔳をクリックし「拡張機能の設定」を選択します。

● 拡張機能の設定は歯車マーク 🔳 を押すことで表示されます

　最初に行う設定は、サインイン情報の種類決定です。

　VSCodeでChatGPTを扱うためには、ブラウザー経由のサインインのほかにAPI Keyを用いた方法が利用できます。API Keyとは固定された長文のキー文字列で、このキーがあればChatGPTにAPI経由でアクセスできるようになります。API Keyを利用すると、利用のたびにブラウザーを開く必要なく活用できるのでお薦めです。

　API Keyの設定は設定画面の次の項目に対して実施します。

　「Get your API Key from OpenAI.」リンクをクリックするとキーを取得できます。

● API Keyの取得

　APIキーを取得するURLは次のとおりです。こちらにブラウザーでアクセスしてもよいでしょう。

https://beta.openai.com/account/api-keys

　アクセスすると右のように認証を要求されます。「Log in」ボタンをクリックして進みましょう。

● Log inボタンをクリックしてください

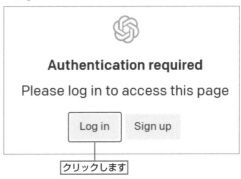

ログインは、登録時と同様に3つから選ぶ形となります。

　今回はMicrosoft Accountを利用するので、「Continue with Microsoft Account」をクリックします。

● OpenAIに登録したIDを利用します

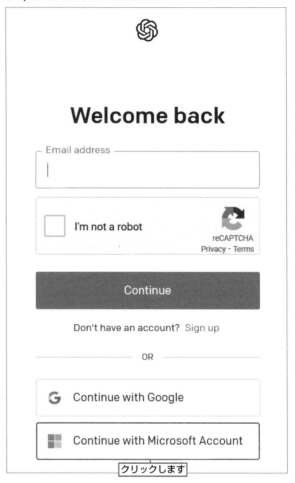

　認証が終わると「API keys」というページが表示されます。「＋Create new secret key」ボタンをクリックしてAPI Keyを作成しましょう。

　VSCodeはこのキーを使ってChatGPTにアクセスします。

● 個人利用の場合、Default organization は Personal としておきましょう

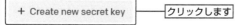

API keys

Your secret API keys are listed below. Please note that we do not display your secret API keys again after you generate them.

Do not share your API key with others, or expose it in the browser or other client-side code. In order to protect the security of your account, OpenAI may also automatically rotate any API key that we've found has leaked publicly.

You currently do not have any API keys. Please create one below.

[+ Create new secret key] ──── クリックします

Default organization

If you belong to multiple organizations, this setting controls which organization is used by default when making requests with the API keys above.

[Personal   ∨]

Note: You can also specify which organization to use for each API request. See Authentication to learn more.

API Keyは自動で生成されるため、コピーボタン 🗐 をクリックしてクリップボードにコピーしておきましょう。

● キーはクリップボード上で運用することがお薦めです

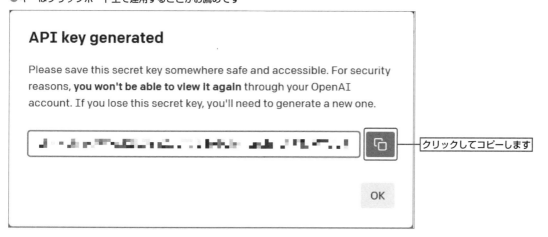

API key generated

Please save this secret key somewhere safe and accessible. For security reasons, **you won't be able to view it again** through your OpenAI account. If you lose this secret key, you'll need to generate a new one.

[▮▰▪▰▰▪▰▪▰▪▰▪▰▪▰▪▰▪▰] [🗐] ──── クリックしてコピーします

OK

このキーは一度表示を消すと再表示されません。しかし、何度でも発行できるので、キーを覚えておく必要は

ありません。VSCodeでの利用を終えたらこの画面も閉じておきましょう。

　なお、次回API keysのページにアクセスすると、次の図のように一部だけが表示された状態となり、再度値は取得できません。APIキーはメモ等はせず、キーを忘れてしまった場合は再度取得と設定を行うことでセキュリティを保つようにしましょう。

●API Keyは再度表示できませんが、メモなどに残さないようにしましょう

API keys

Your secret API keys are listed below. Please note that we do not display your secret API keys again after you generate them.

Do not share your API key with others, or expose it in the browser or other client-side code. In order to protect the security of your account, OpenAI may also automatically rotate any API key that we've found has leaked publicly.

SECRET KEY	CREATED	LAST USED	
sk-...Jrqm	2023年1月22日	Never	🗑

＋ Create new secret key

　VSCodeに戻り、先ほどクリップボード上にコピーしたAPI Keyをペーストします。この値は他人に見られないように注意してください。

　API Keyを利用するためにはもう一か所設定する必要があります。「Chatgpt:Method」という項目で

●重要な情報なので厳重に管理しましょう

す。この値をGPT3 OpenAI API Keyにすることで、このキーを利用してOpenAIにアクセスできるようになります。

●GPT3 OpenAI API Keyに設定することでキーを利用する形に変更されます

254

最後にChatGPTに送るメッセージの日本語化を行っておきましょう。

5つあるPrompt PrefixはメニューからChatGPTを呼び出す際に付加するメッセージです。これが英語の場合、英語で応答します。初期状態は次の図ようになっています。

● 英語のままであれば英語で応答が行われます

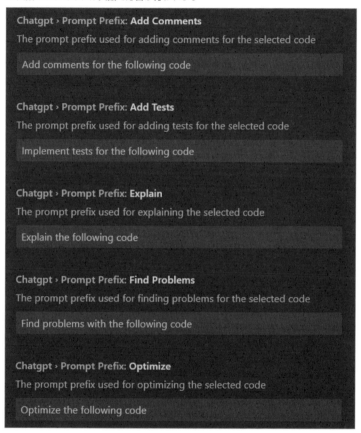

日本語にしておくことで、日本語での応答が得られるようになります。変更する文章は意図が伝わるようにすればよいのですが、例えば次のように修正すると、英語の意図と変わらない応答が得られます。

- コードにコメントを追加してください。
- コードにテストを実装してください。
- このコードの説明をお願いします。
- コードに関する問題点を見つけてください。
- コードの最適化をしてください。

Part
7

AIチャットで快適な開発環境を構築しよう

●日本語に設定しておくと日本語で応答が得られます

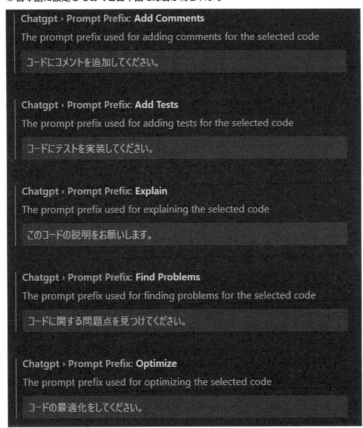

これで設定が完了しました。利用する前にVSCodeの再起動を行っておきましょう。再起動するとアクティビティバーにChatGPTのアイコンが追加されます。

●ChatGPTのアイコン が追加されました

ChatGPTを利用する

VSCodeでChatGPTを利用できる環境が整ったら、さっそく使ってみましょう。ChatGPTを用いれば、コードのチェックやデバッグ、リファクタリングなどが簡単に行えます。また、ここではコードを生成してくれる拡張機能も紹介します。

❖ VSCodeでChatGPTを利用する

VSCodeでChatGPTにアクセスしてみましょう。

まず、なんでもいいのでプログラムコードを用意しましょう。そのプログラムのメソッドを選択して右クリックすると、メニューにChatGPT関連のコマンドが追加されています。コマンドを選択することでChatGPTからの応答を得られます。

●ChatGPTは右クリックメニューから呼び出します

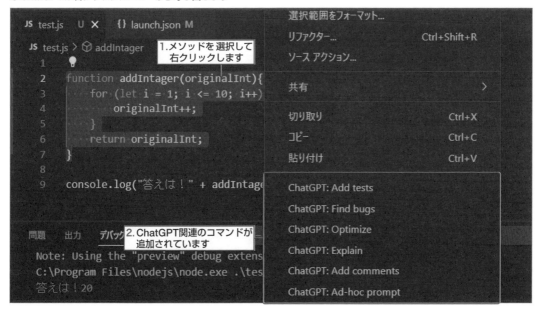

「Add tests」コマンドを実行すると、テストコードを応答してくれます。応答はサイドバー内で行われます。

● Add tests の例。テストケースの例を示してくれました

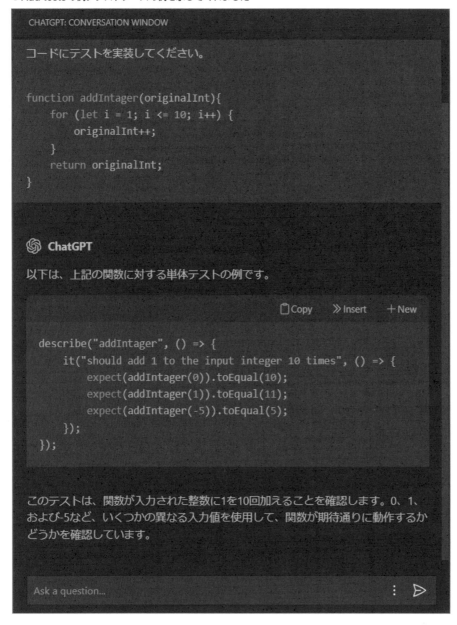

```
CHATGPT: CONVERSATION WINDOW

コードにテストを実装してください。


function addIntager(originalInt){
    for (let i = 1; i <= 10; i++) {
        originalInt++;
    }
    return originalInt;
}
```

🌀 ChatGPT

以下は、上記の関数に対する単体テストの例です。

```
                                   □ Copy    ≫ Insert    ＋ New

describe("addIntager", () => {
    it("should add 1 to the input integer 10 times", () => {
        expect(addIntager(0)).toEqual(10);
        expect(addIntager(1)).toEqual(11);
        expect(addIntager(-5)).toEqual(5);
    });
});
```

このテストは、関数が入力された整数に1を10回加えることを確認します。0、1、
および-5など、いくつかの異なる入力値を使用して、関数が期待通りに動作するか
どうかを確認しています。

```
Ask a question...                                ⋮   ▷
```

　「Find bugs」コマンドを実行すると、バグの有無を調査してくれます。次の例のように、よりよいコードとなるように関数名のスペルミスなども教えてくれます。

●Find bugsの例。バグチェックを行ってくれました

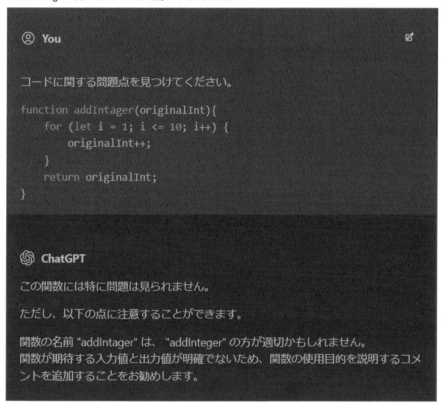

　「Optimize」コマンドを実行すると、コードをリファクタリング（振る舞いは変えずに、コードの整理をすること）をしてくれます。コードの意味を変えずによりわかりやすい内容を教えてくれるわけです。

●Optimizeの例。最適と思われるコードを示してくれました

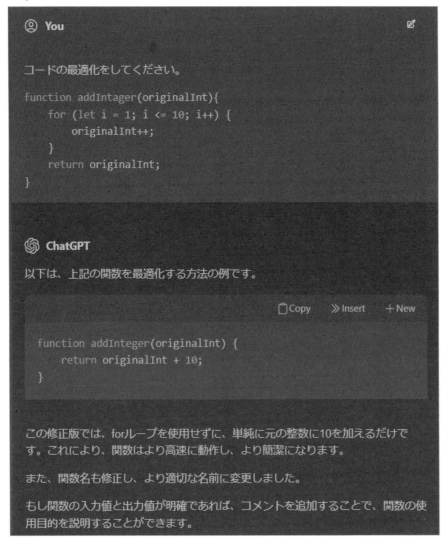

You

コードの最適化をしてください。

```
function addIntager(originalInt){
    for (let i = 1; i <= 10; i++) {
        originalInt++;
    }
    return originalInt;
}
```

ChatGPT

以下は、上記の関数を最適化する方法の例です。

□ Copy   ≫ Insert   ＋ New

```
function addInteger(originalInt) {
    return originalInt + 10;
}
```

この修正版では、forループを使用せずに、単純に元の整数に10を加えるだけです。これにより、関数はより高速に動作し、より簡潔になります。

また、関数名も修正し、より適切な名前に変更しました。

もし関数の入力値と出力値が明確であれば、コメントを追加することで、関数の使用目的を説明することができます。

「Explain」コマンドを実行すると、コードの内容を解析して要約してくれます。コードから設計書を起こしなおすときなどに有効活用できます。

● Explainの例　コード内容の説明を行ってくれました

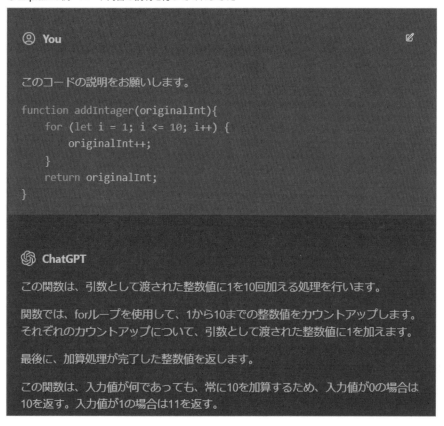

You

このコードの説明をお願いします。

```
function addIntager(originalInt){
    for (let i = 1; i <= 10; i++) {
        originalInt++;
    }
    return originalInt;
}
```

ChatGPT

この関数は、引数として渡された整数値に1を10回加える処理を行います。

関数では、forループを使用して、1から10までの整数値をカウントアップします。それぞれのカウントアップについて、引数として渡された整数値に1を加えます。

最後に、加算処理が完了した整数値を返します。

この関数は、入力値が何であっても、常に10を加算するため、入力値が0の場合は10を返す。入力値が1の場合は11を返す。

AIチャットで快適な開発環境を構築しよう

261

「Add comments」コマンドを実行すると、コードにコメントを差し込んでくれます。Explainと同じく内容の要約のようなものですが、言語に合わせたコメント行として返答してくれるのでそのまま利用できるのが特徴です。

● Add commentsの例　コードにコメント文を差し込んでくれました

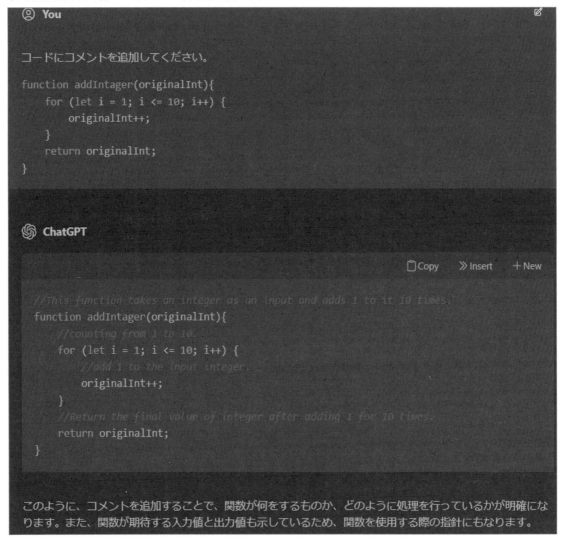

このように、コメントを追加することで、関数が何をするものか、どのように処理を行っているかが明確になります。また、関数が期待する入力値と出力値も示しているため、関数を使用する際の指針にもなります。

「Ad-hoc prompt」コマンドを実行すると、コマンドパレットが表示され、ChatGPTに確認したい内容を個別入力することができます。

● コマンドパレットにコードに関して確認したい内容を入力していきましょう

Ask anything...

Prefix your code with your custom prompt. i.e. Explain this ('Enter' を押して確認するか 'Escape' を押して取り消します)

　確認したい内容は日本語でも英語でも受け付けます。メニューにない項目を確認したいときに利用しましょう。

● 日本語でも確認可能です

このコードは盗用されていませんか？|

Prefix your code with your custom prompt. i.e. Explain this ('Enter' を押して確認するか 'Escape' を押して取り消します)

　確認したい内容についての回答例です。

● Ad-hoc promptの例。入力した質問に答えてくれました

② You

このコードは盗用されていませんか？

```
function addIntager(originalInt){
    for (let i = 1; i <= 10; i++) {
        originalInt++;
    }
    return originalInt;
}
```

⑤ ChatGPT

このコードは一般的なプログラミングの概念を使用しており、特に盗用されているとは思えません。ただ、特定のプロジェクトやアプリケーションで使用される場合は、そのプロジェクトやアプリケーションのライセンスや所有権に従って使用する必要があります。

　ChatGPTはこのように有用な情報を応答してくれます。ただし、あくまでもAIなので、誤った応答を返すこともあります。応答内容を過信することなく1つ1つ自分で確認しましょう。

❖ その他のGPT拡張機能

Ali GençayのChatGPTはサイドバーに応答を表示しますが、Code GPTの「**Code GPT**」はコードをそのまま生成してくれます。

機能拡張の一覧（ Ctrl + Shift + X キー）で「Code GPT」を検索して「インストール」ボタンをクリックします。

● Code GPT

Code GPTはその名の通りGPTを利用してコードを埋め込んでいこうという野心的な拡張機能です。直接ファイルの内容を書き換えてくれる機能があります。

▶ Code GPT の設定

Code GPTもOpenAIのAPI Keyを利用してGPTにアクセスを行います。拡張機能の設定を行っていきましょう。Code GPTの▓をクリックし「拡張機能の設定」を選択します。

● Code GPTの設定を行いましょう

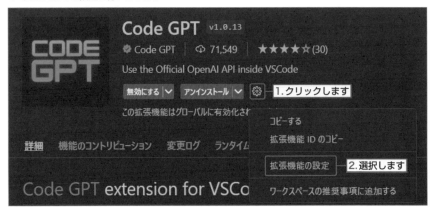

　Code GPTではGPTの言語モデルの選択や教師データへの忠実性などを選択することができます。また言語の設定も合わせて行えます。

●ChatGPTとは異なり細かな設定が行えます

Code GPT: Api Key
To enter your API Key press cmd+shift+p and search for 'CodeGPT: Set API KEY'

OpenAI

Code GPT: Max Tokens
The maximum number of tokens for each request

500

Code GPT: Model
The model to use

text-davinci-003

Code GPT › Query: Language
Select the query language

English

Code GPT: Temperature
The temperature. Must be between 0 and 1

0.3

AIチャットで快適な開発環境を構築しよう

　特筆しておきたいのは、選択できる言語モデルです。ChatGPTは複雑な構文を解析応答できる反面、処理が複雑なため速度が遅く処理コストが高いというマイナス面もあります。そのため、速度が速いタイプのモデルも用意されています。

　通常は初期設定から変更する必要はありませんが、用途によって使い分けるとよいでしょう。次のURLに、より詳しい説明があります。

https://beta.openai.com/docs/models/codex

Model	説明
text-davinci-003（初期値）	ChatGPTでも利用されるモデル。2021年6月までの情報で整理されている。 **得意分野：複雑な意図、原因と結果、要約**
text-curie-001	2019年10月までの情報で整理されている。 **得意分野：言語翻訳、複雑な分類分け、テキストセンチメント、要約**
text-babbage-001	2019年10月までの情報で整理されている。 **得意分野：中程度の分類分け、会話文での検索**
text-ada-001	2019年10月までの情報で整理されている。 **得意分野：テキストの解析、簡易分類分け、住所修正、キーワード**
code-davinci-002	プログラムコード特化型モデル。2021年6月までの情報で整理されている。 **得意分野：自然言語コード変換** ※なお利用には事前申請が必要
code-cushman-001	プログラムコード特化型モデル。 **得意分野：リアルタイムアプリケーション** ※なお利用には事前申請が必要

　設定画面では利用する言語の設定が行えます。必要に応じて変更を行っておきましょう。

● 言語設定では日本語も選択可能です

　Code GPTを利用するにはOpenAIのAPI Keyが必要ですが、実は設定からは入力できません。設定はコマンドパレット上でコマンドで行います。
　[Ctrl] + [Shift] + [P] キーでコマンドパレットを開き、「CodeGPT: Set API KEY」コマンドを入力することでAPI Keyをセットします。

● API Keyの設定はコマンドパレットを利用します

　入力するAPI KeyはAli GençayのChatGPTで利用したものと同じでもかまいません。値を忘れてしまった場合は新たにAPI Keyを発行しましょう。入力後[Enter]キーで確定します。

● キーはパスワードと同じくマスクがかけられます

入力を終えると右下に「API KEY saved」というアナウンスが通知されるので、チェックしておきましょう。

● API Keyの入力は通知として表示されます

▶Code GPT の利用

Code GPTもAli Gençay のChatGPTと同じように右クリックメニューにコマンドが追加されます。

● コマンドの内容はAli Gençay のChatGPTと大差ありません

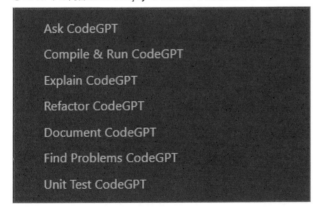

コメントを書いてカーソルを行末に合わせて Ctrl + Shift + I キーを押すと、コードを生成してくれます。例えば次のような文言を入力してから Ctrl + Shift + I キーを押してみましょう。

● コメント文をコードに埋め込みます

Part
7

AIチャットで快適な開発環境を構築しよう

新規にファイルが開き、そこに該当コメント文に対応するコードが表示されます。

● コードが生成されました

```js
JS Untitled-4  ●
1    |
2
3    function sum(A, B) {
4      return A + B;
5    }
```

　次の図のように新しく分割されたエディターが立ち上がり表示されるため、生成されたコードが意図したものかどうかを確認したうえで元のコードにマージすることができます。

● 分割されたエディターとしてコードが表示されました

```js
JS test.js > ...
1
2    function addIntager(originalInt){
3      for (let i = 1; i <= 10; i++) {
4        originalInt++;
5      }
6      return originalInt;
7
8    }
9
10
11   // AとBを入力するとそれらを足した答えを返す
12
13   console.log("答えは！" + addIntager(10));
```

```js
1    |
2
3    function sum(A, B) {
4      return A + B;
5    }
```

　なお、コード生成には時間がかかるため、右下に生成中である旨が表示されます。難しいコメント文を書いた場合は検討に時間がかかるので、この表示を見ながら完了を待ちましょう。

● コメントからコードの生成中は通知が行われます

Visual Studio Codeのショートカットキー一覧

ショートカットキーはWindows環境を想定しています。Macの場合は原則 `Ctrl` キーを `Command` キーに読み替えてください（例外あり）。
その他のショートカットは次のURLを参照してください（https://code.visualstudio.com/docs/getstarted/keybindings）。

全般

キー	説明
`Ctrl` + `Shift` + `P` あるいは `F1`	コマンドパレットの表示
`Ctrl` + `P`	ファイルに移動する
`Ctrl` + `Shift` + `N`	新規にVSCodeを開く
`Ctrl` + `Shift` + `W`	VSCodeを閉じる
`Ctrl` + `,`	設定画面を開く
`Ctrl` + `K` ➡ `Ctrl` + `S`	ショートカット一覧・編集画面を開く

標準的な編集機能

キー	説明
`Ctrl` + `X`	行の切り取り（文字の選択がない場合）
`Ctrl` + `C`	行のコピー（文字の選択がない場合）
`Alt` + `↑` / `↓`	上、下に行を移動
`Shift` + `Alt` + `↓` / `↑`	上、下に行をコピー
`Ctrl` + `Shift` + `K`	行の削除
`Ctrl` + `Enter`	下行に改行 挿入
`Ctrl` + `Shift` + `Enter`	上行に改行 挿入
`Ctrl` + `Shift` + `\`	対応する括弧に移動
`Ctrl` + `]` / `[`	行頭のインデントの追加、削除
`Home` / `End`	行頭、行末に移動
`Ctrl` + `Home` / `End`	先頭、末尾に移動
`Ctrl` + `↑` / `↓`	上、下にスクロール
`Alt` + `PageUp` / `PageDown`	ページの送り戻り
`Ctrl` + `Shift` + `[`	括弧の折り畳み
`Ctrl` + `Shift` + `]`	括弧の展開
`Ctrl` + `K` ➡ `Ctrl` + `[`	領域内すべての括弧の折り畳み
`Ctrl` + `K` ➡ `Ctrl` + `]`	領域内すべての括弧の展開
`Ctrl` + `K` ➡ `Ctrl` + `0`（ゼロ）	すべての括弧の折り畳み
`Ctrl` + `K` ➡ `Ctrl` + `J`	すべての括弧の展開
`Ctrl` + `K` ➡ `Ctrl` + `C`	選択行を行コメント化
`Ctrl` + `K` ➡ `Ctrl` + `U`	選択行の行コメント化解除
`Ctrl` + `/`	行コメントの切り替え
`Shift` + `Alt` + `A`	範囲コメントの切り替え
`Alt` + `Z`	右端での折り返し切り替え

ナビゲーション関連

キー	説明
`Ctrl` + `T`	指定したシンボルに移動
`Ctrl` + `G`	指定したラインに移動
`Ctrl` + `P`	指定したファイルに移動
`Ctrl` + `Shift` + `O`（オー）	エディター内の指定したシンボルに移動
`Ctrl` + `Shift` + `M`	問題パネルを表示
`F8`	次の問題個所に移動
`Shift` + `F8`	前の問題個所に移動
`Ctrl` + `Shift` + `Tab`	エディター選択履歴の表示
`Alt` + `←` / `→`	前に開いたエディターに移動／次に移動
`Ctrl` + `M`	`Tab`でフォーカスを移動できる状態切り替え

検索と置換

キー	説明
`Ctrl` + `F`	検索機能の表示
`Ctrl` + `H`	置換機能の表示
`F3` / `Shift` + `F3`	次の検索結果に移動／前の検索結果に移動
`Alt` + `Enter`	検索結果すべてを選択
`Ctrl` + `D`	次の検索結果を選択に追加
`Ctrl` + `K` ➡ `Ctrl` + `D`	選択を解除せずに次の検索結果に移動
`Alt` + `C`	大小文字区別オプションを切り替え
`Alt` + `W`	単語単位検索オプションを切り替え
`Alt` + `R`	正規表現オプションを切り替え

マルチカーソル、選択

キー	説明
`Alt` + マウスクリック	選択個所の追加
`Ctrl` + `Alt` + `↑` / `↓`	選択個所を上／下に拡大
`Ctrl` + `U`	カーソル操作を取り消す
`Shift` + `Alt` + `↑`（アイ）	カーソルを行末に追加
`Ctrl` + `L`	現在の行を選択
`Ctrl` + `Shift` + `L`	現在の選択範囲の出現個所をすべて選択
`Ctrl` + `F2`	現在の単語の出現個所をすべて選択
`Shift` + `Alt` + `→`	選択範囲を拡大
`Ctrl` + `K` ➡ `Ctrl` + `←` / `→`	エディターグループをアクティブにする
`Ctrl` + `K` ➡ `←` / `→`	エディターグループの位置を入れ替える
`Shift` + `Alt` + `←`	選択範囲の縮小
`Shift` + `Alt` + （マウスドラッグ）	箱型選択（マウス利用）
`Ctrl` + `Shift` + `Alt` + `←` / `→` / `↑` / `↓`	箱型選択（キーボード）
`Ctrl` + `Shift` + `Alt` + `PageUp` / `PageDown`	箱型選択範囲を拡張しながらページの送り／戻り

言語関連

キー	説明
`Ctrl` + `Space`	候補の表示
`Ctrl` + `Space` あるいは `Ctrl` + `↑`（アイ）	候補に対する概要情報を表示する
`Ctrl` + `Shift` + `Space`	パラメーターヒントを表示する
`Shift` + `Alt` + `F`	ドキュメント全体を整形
`Ctrl` + `K` ➡ `Ctrl` + `F`	選択範囲を整形
`F12`	定義に移動
`Alt` + `F12`	定義を開く
`Ctrl` + `K` ➡ `F12`	別エディターグループで定義を開く
`Ctrl` + `.`	クイック修正の実行（対応拡張機能が必要）
`Shift` + `F12`	定義の参照個所を表示
`F2`	名称を変更する
`Ctrl` + `K` ➡ `Ctrl` + `X`	行末のスペースを削除
`Ctrl` + `K` ➡ `M`	ファイルの言語モードを変更

エディターの管理

キー	説明
`Ctrl` + `F4`, `Ctrl` + `W`	エディター画面を閉じる
`Ctrl` + `K` ➡ `F`	フォルダーを閉じる
`Ctrl` + `\`	エディターを分割する
`Ctrl` + `1` / `2` / `3`…	番号に応じたエディターグループにフォーカスを切り替える
`Ctrl` + `Shift` + `PageUp` / `PageDown`	エディターグループ内で表示中エディターを切り替える

ファイルの管理

キー	説明
`Ctrl` + `N`	新しいファイルを作成
`Ctrl` + `O`（オー）	ファイルを開く
`Ctrl` + `S`	保存
`Ctrl` + `Shift` + `S`	別名で保存
`Ctrl` + `K` ➡ `S`	すべてのファイルを保存
`Ctrl` + `F4`	VSCodeを閉じる
`Ctrl` + `K` ➡ `Ctrl` + `W`	すべてのファイルを閉じる
`Ctrl` + `Shift` + `T`	閉じたエディターを開きなおす

Ctrl + Tab	エディターグループ内の次ファイルを表示
Ctrl + Shift + Tab	エディターグループ内の前ファイルを表示
Ctrl + K → P	アクティブエディターのフルパスをコピー
Ctrl + K → R	OSのエクスプローラーでアクティブエディターの内容を開く
Ctrl + K → O (オー)	操作中のエディターを新しいVSCodeで開く

表示関連	
F11	フルスクリーン切り替え
Shift + Alt + 0 (ゼロ)	エディターグループの表示位置を切り替え（縦横切り替え）
Ctrl + = / -	拡大／縮小
Ctrl + B	プライマリサイドバーの表示切り替え
Ctrl + Shift + E	エクスプローラー機能の表示フォーカスの切り替え
Ctrl + Shift + F	検索機能の表示
Ctrl + Shift + G	ソース管理を表示
Ctrl + Shift + D	実行とデバッグ機能を表示
Ctrl + Shift + X	拡張機能を表示
Ctrl + Shift + H	置換機能を表示
Ctrl + Shift + J	検索・置換期の表示時の詳細検索の切り替え

Ctrl + Shift + U	出力パネルを表示
Ctrl + K → Z	全画面モード（Escで終了）

デバッグ	
F9	ブレークポイントの設定、解除
F5	デバッグの開始、再開
Shift + F5	停止
F11 / Shift + F11	ステップイン／ステップアウト
F10	ステップオーバー
Ctrl + K → Ctrl + I (アイ)	ホバーを表示

ターミナル	
Ctrl + @	ターミナルを表示
Ctrl + Shift + @	新しいターミナルを起動
Ctrl + C	コピー
Ctrl + V	貼り付け
Ctrl + ↑ / ↓	上にスクロール／下にスクロール
Shift + PageUp / PageDown	ページの送り／戻り
Ctrl + Home / End	先頭に移動／末尾に移動

INDEX

著者紹介

三沢 友治 （みさわ ともはる）

富士ソフト株式会社 フェロー
Microsoft MVP for M365 Apps and Services（2017-2023）
Windows Insider MVP（2023）
2004年にIT業界の門戸をたたき、それ以来20年近くに渡りMicrosoftソリューションの導入や受託開発を手掛けてきた。
近年はMicrosoft 365やWindowsの利用促進に勤しんでおり、イベント登壇や記事執筆を手掛けるなど幅広い層にマイクロソフト製品の良さを伝える活動を行っている。
● Blog：https://mitomoha.hatenablog.com

● **本書のサポートページ**

http://www.sotechha.co.jp/sp/1314/

本書で紹介した一部ソースコードや、出版後に判明した補足情報などを掲載していきます。

これ1冊でできる！
Visual Studio Code 超入門

2023年3月31日　初版　第1刷発行

著　　　　者	三沢友治	
カバーデザイン	広田正康	
発　行　人	柳澤淳一	
編　集　人	久保田賢二	
発　行　所	株式会社ソーテック社	
	〒102-0072　東京都千代田区飯田橋4-9-5　スギタビル4F	
	電話（注文専用）03-3262-5320　FAX 03-3262-5326	
印　刷　所	大日本印刷株式会社	